"数智创艺"

人工智能与艺术设计新形态精品系列

全彩微课版

短视频剪辑与AI创作

DeepSeek + 剪映

殷乐希 姚金贵 宋杨◎编著

人民邮电出版社

北京

图书在版编目（CIP）数据

短视频剪辑与 AI 创作 ： 全彩微课版 ： DeepSeek+剪映 / 殷乐希，姚金贵，宋杨编著. -- 北京 ： 人民邮电出版社，2025. -- （"数智创艺"人工智能与艺术设计新形态精品系列）. -- ISBN 978-7-115-67156-1

Ⅰ．TP317.53

中国国家版本馆 CIP 数据核字第 2025P49V28 号

内 容 提 要

本书从使用DeepSeek与剪映创作短视频出发，将理论知识与实际操作相结合，对短视频的拍摄、剪辑与后期制作进行了全面、细致的介绍。

全书共10章，包括全面认识短视频、DeepSeek基础入门、短视频剪辑工具——剪映、短视频剪辑基础技能、短视频剪辑进阶技能、短视频画面优化、短视频音频处理、字幕添加与设置、转场效果添加和短视频制作综合实例。本书不仅能让新手制作出精彩的短视频，还可以让有一定后期剪辑基础的读者掌握更多创意效果的制作方法。

本书内容全面、条理清晰，讲解通俗易懂，可作为本科院校、职业院校影视摄影与制作、数字媒体艺术、数字媒体技术、网络与新媒体等专业相关课程的教材，还可作为短视频创作者、视频剪辑爱好者、自媒体工作者等人员的参考书。

◆ 编　著　殷乐希　姚金贵　宋　杨
　　责任编辑　许金霞
　　责任印制　胡　南
◆ 人民邮电出版社出版发行　　北京市丰台区成寿寺路 11 号
　　邮编　100164　电子邮件　315@ptpress.com.cn
　　网址　https://www.ptpress.com.cn
　　临西县阅读时光印刷有限公司印刷
◆ 开本：787×1092　1/16
　　印张：13.5　　　　　　　　　2025 年 7 月第 1 版
　　字数：354 千字　　　　　　　2025 年 7 月河北第 1 次印刷

定价：69.80 元

读者服务热线：**(010)81055256**　印装质量热线：**(010)81055316**
反盗版热线：**(010)81055315**

前言

在短视频行业迅猛发展的当下，技术工具的革新与人才需求的升级形成了双向驱动的产业生态。以剪映为代表的剪辑软件和以DeepSeek为代表的AI生成工具，正在重塑内容创作的底层逻辑。本书基于短视频创作流程，将理论知识与实际操作相结合，对短视频的拍摄、剪辑与后期制作进行了全面、细致的介绍。同时，结合剪映电脑端和移动端的功能进行讲解，精选抖音、快手等热门视频案例，帮助读者系统梳理短视频的制作方法；结合DeepSeek、即梦AI等工具的应用及剪映智能应用等，帮助读者掌握快速生成视频脚本、文案、图片素材、视频素材，推荐音乐、视频字幕等方法，进一步拓展创作的可能性。

本书特色

本书以"基础讲解+案例实操"的形式，精选当前流行的短视频案例，结合剪映电脑端、移动端和DeepSeek等工具的应用，全面、细致地介绍了短视频的拍摄、剪辑、特效、调色、音效、字幕、转场等。部分章结尾处安排了"案例实战"及"知识拓展"板块，"案例实战"旨在培养读者的自主学习能力，提高读者的实践能力，"知识拓展"对视频类型进行了梳理，以求帮助读者拓展创作思路。

- **理论 + 实操，边学边练。** 本书全面系统地讲解了短视频剪辑的全过程，包括素材剪辑、画面优化、音频处理、字幕添加与设置、转场效果添加等，详细讲解操作方法，帮助读者更好地理解理论知识并掌握实际操作方法。

- **精选案例，全程图解。** 本书精选行业案例，包括美食类、生活类、喜剧类、美妆类短视频，总结了目前较为流行的短视频类型及其主要特点和制作思路，以图文并茂的方式，让读者能够详细了解每一步的具体操作。

- **结合 AI 工具应用，重在启发。** 本书详细介绍了短视频创作中 DeepSeek、即梦 AI及剪映智能应用的具体操作，启发读者的创作灵感，提高读者的创作质量。

内容概述

本书共10章，各章内容安排如下。

章	内容导读	难点指数
第1章	主要介绍短视频的特点、类型、构成要素、传播平台，短视频的制作流程，以及短视频拍摄基本技法	★☆☆

章	内容导读	难点指数
第2章	主要介绍DeepSeek基础知识，包括DeepSeek的核心功能、DeepSeek界面与操作指南，DeepSeek提示词与文案生成	★★☆
第3章	主要介绍剪映不同版本之间的区别、新手快速入门的方法、使用DeepSeek生成视频脚本的方法	★☆☆
第4章	主要介绍短视频剪辑的基础操作，包括素材的导入、素材的基础编辑、画面的基本处理、视频的导出设置等	★☆☆
第5章	主要介绍短视频剪辑的高级操作技巧，包括特效、滤镜、贴纸、蒙版、关键帧等功能的应用	★★★
第6章	主要介绍短视频的后期优化，包括混合模式的应用，色彩、色调、明度等的调节，美颜、美体以及智能抠像功能的应用等	★★★
第7章	主要介绍音频的剪辑，包括背景音乐、音效与录音、视频原声等各种声音的剪辑和处理	★★☆
第8章	主要介绍添加和设置字幕，包括字幕的表现形式、字幕的创建和编辑、字幕的智能识别和朗读等	★★☆
第9章	主要介绍转场的应用，包括常见的转场方式、添加转场的各类技巧等	★★☆
第10章	主要介绍短视频制作的综合案例，包括视频尺寸、创意字体、音频踩点、声音处理、字幕提取、转场等各种技巧的综合应用	★★★

配套资源

本书提供了丰富的教学资源，读者可登录人邮教育社区（www.ryjiaoyu.com），在本书页面中下载。

- 微课视频：本书部分案例配套微课视频，扫描书中二维码即可观看。

- 素材和效果文件：本书提供了所有案例需要的素材和效果文件，素材和效果文件均以案例名称命名。

- 教学辅助文件：本书提供了PPT课件、教学大纲、教案、拓展案例库、拓展素材资源等。

声明与致谢

本书由殷乐希、姚金贵、宋杨编著，同时德胜书坊（徐州）教育科技有限公司为本书提供了很多精彩的案例及资源，包括图片、音频及视频等。特别感谢本书相关案例所引用图片及素材的创作者，相关图片及素材仅为说明（教学）之用。

本书在编写过程中力求严谨细致，但由于时间与精力有限，难免存在疏漏之处，望广大读者批评指正。

编者

2025年6月

目录

第 **9** 章 175

转场效果添加

第 **10** 章 189

短视频制作综合实例

第1章

全面认识
短视频

短视频是一种时下非常流行的媒体形式，它可以在 1~5 分钟内用简洁易懂的方式将信息和故事传达给观众，让观众在短时间内获得有用的信息和情感冲击，给观众留下深刻印象。本章将从短视频的类型、创作流程、剪辑基础、拍摄设备和拍摄基本技法这五个方面来介绍短视频的基础知识。

1.1 了解短视频

短视频最早起源于Vine，这是一款允许用户拍摄、编辑并分享6秒钟短视频的应用程序，被誉为短视频的鼻祖。Vine的成功引发了短视频的热潮，使得无数类似的短视频应用随之涌现，如抖音、快手等。这些应用为人们提供了一种全新的创作和观看方式。

1.1.1 短视频的特点

短视频作为一种流行的娱乐方式，已经深入人们的日常生活中。它以时长短、内容精炼、视觉冲击力强、用户参与度高以及内容多样性等特点，赢得广大观众的青睐。

1. 时长短

短时长是短视频最显著的特点。短视频的时长通常控制在1~5分钟，视频内容完整，信息密度大。在当下快节奏的时代，这种短时长的视频更容易被人们接受。人们可以利用碎片化的时间浏览感兴趣的内容，从而快速获取对自己有用的信息。

2. 内容精炼

由于视频时长的限制，创作者需要在有限的时间内，清楚地展现出视频内容和观点。这就需要创作者将复杂的内容精炼化，用最简洁的方式叙述，以确保观众能够在短时间内理解和接受。

3. 视觉冲击力强

短视频有着很强的视觉冲击力。因为时长短，短视频需要通过色彩、动画效果、音乐等手段来吸引人们的眼球。视觉上的冲击能够在短时间内产生强烈的印象，并让人们乐于接受和分享。这也是很多短视频瞬间爆红的原因之一。

4. 用户参与度高

很多短视频平台提供用户上传和分享功能，这使得用户可以随时随地分享自己喜欢的短视频。同时，用户通过点赞、评论等方式可与创作者或其他用户进行交流互动。用户的评论和点赞行为能够为视频创作者提供反馈和支持，提高创作者的积极性和动力，视频分享行为也有助于扩大视频的传播范围，扩大创作者的影响力。

5. 内容多样性

短视频涵盖了各个领域的内容，如日常记录、美食、旅游、搞笑等。用户可以根据自己的兴趣和需求，选择观看短视频内容。这种多样性使得短视频能够满足不同用户的需求，也扩大了短视频在社交媒体平台上的受众。

6. 创作过程简便

相比于传统的视频创作过程，短视频的创作较为简便。用户可以通过手机上的应用程序拍摄、编辑和分享短视频。这种简易的创作方式降低了创作门槛，使更多的用户能够参与短视频的创作。同时，短视频应用程序通常提供一些拍摄和编辑工具，能够帮助用户快速创作出高质量的短视频内容。

1.1.2 短视频的类型

短视频有很多种类型，不同类型有不同的特点和受众人群。按照视频内容，短视频可分为以下几种。

短视频剪辑与 AI 创作 全彩微课版 ——DeepSeek+剪映

1. 搞笑类

这类短视频常以恶搞社会某现象、幽默话题、模仿明星、某尴尬时刻或萌宠动物为创作主题，以夸张搞怪的表演和剪辑手法来制造笑料，迅速吸引观众的注意力，让观众在闲暇之余能够放松心情，缓解压力。图1-1所示为某网友制作的宠物搞笑视频片段。

图 1-1

2. 教程类

这类短视频通常以"如何""教你"为主题，以简明扼要的方式向观众传授知识和技能。例如，烹饪类短视频可以教人们制作美味的菜肴；健身类短视频可以指导人们正确的锻炼姿势；着装类短视频可以指导人们如何合理搭配着装；手工制作类短视频可以展示如何制作手工艺品等。这些教程类短视频很受观众喜爱，因为它们能提供很多实用的信息和技巧。图1-2所示为一系列办公技能学习短视频片段。

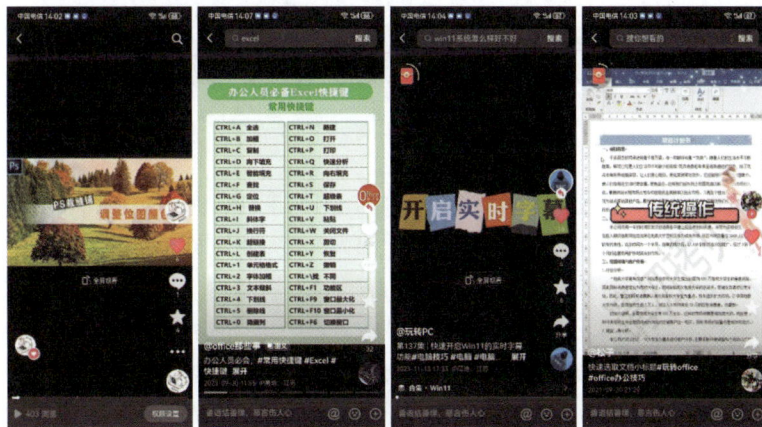

图 1-2

3. 微短剧类

这类短视频的叙事结构往往非常精简，直接切入主题，没有冗余的铺垫。它们通常围绕一个中心点快速展开，迅速进入高潮，然后迅速结束，给观众留下深刻的印象。微短剧的题材非常广泛，包括爱情、悬疑、喜剧、科幻等。不同于传统电视剧和电影，微短剧具有时长短、节奏快、戏剧冲突集中等特征，使观众利用坐几站地铁的工夫就可以看完一段完整的故事，一集集的剧情推进让观众看得很过瘾。图1-3所示为微短剧《逃出大英博物馆》片段截图。该剧上线仅一周，抖音的相关话题播放量就超过13亿，引得央视网、新华日报等官媒纷纷点赞。

图 1-3

4. 生活记录类

这类短视频通常以生活中的点滴细节为主题，记录人们的日常生活、旅行经历、美食探索等；用生动的画面、优美的音乐、流畅的剪辑和独特的叙事方式，在短暂的时间内展示出生活的精彩与美好。这类短视频给人真实、亲近的感受，能够快速建立起观众与创作者之间的情感共鸣。图1-4所示为文旅徐州发布的纪实类短视频片段。

图 1-4

5. 新闻播报类

这类短视频通常以简短、准确、客观的方式呈现新闻事件、时事热点和重要资讯等信息，以满足观众对信息和新闻的需求。这类视频往往比较注重一些细节方面的处理，如主播的形象和语言风格、新闻报道的准确性和客观性、画面剪辑的流畅性和逻辑性等，以提高观众的观看体验和对新闻信息的接受程度。图1-5所示为人民网发布的一则暖心的民生新闻短视频片段。

图 1-5

1.1.3 短视频的构成要素

一段完整的短视频主要由视频内容、封面标题、视频配乐、视觉效果和标签简介这5个要素构成。

1. 视频内容

内容是短视频最核心的要素。短视频的内容可以多种多样，从日常生活琐事到专业知识分享，再到娱乐搞笑片段，甚至艺术创作展示。内容的丰富多彩是吸引观众的关键，也是视频能否走红的决定性因素。创作者需要精心挑选主题，确保内容新颖、有趣或具有意义。

2. 封面标题

封面标题对视频来说非常重要，是视频内容最直接的呈现形式，也是吸引观众关注并观看的关键。一条好的封面标题可以吸引观众的注意力，提高视频的点击率和观看率，同时传达视频的主题思想。

3. 视频配乐

配乐是短视频不可或缺的组成部分。如果说封面标题决定了短视频的点击率，那么配乐则决定了短视频的整体基调。合适的配乐和音效能够增强视频的情感表达，使视频内容更加引人入胜。此外，清晰的语音解说或对话也同样重要，尤其在传递具体信息或知识时。

4. 视觉效果

短视频的视觉效果同样不可忽视，它包括画面质量、颜色搭配、特效应用等视觉元素，这些元素会影响观众的心理感受。高清晰度的视频更容易获得观众的青睐，如图1-6所示。此外，适当的特效和创意编辑能够让视频更加生动有趣。

图 1-6

5. 标签简介

精准的标签和吸引人的内容简介可以提高短视频在平台上的可见度，使其更容易被目标观众发现。标签应与短视频内容相关联，能够概括短视频的主题和特点。简介则应该简短明了，能够概括短视频的主要内容和亮点，以吸引观众的注意力。

1.1.4 常见短视频的传播平台

现如今，短视频已经成为人们日常生活中不可缺少的一部分。随着智能手机的普及和移动互联网的发展，短视频传播平台越来越多。以下是几个主流的短视频传播平台。

1. 抖音

抖音是一款备受欢迎的短视频分享应用平台。用户可以拍摄、编辑并上传15秒~3分钟的视频至平台与他人分享。同时，该平台通过创新的算法精准推荐用户感兴趣的内容，让用户"欲罢不能"。图1-7所示为抖音网页版界面。

图 1-7

2. 快手

快手在国内是一个较为流行的短视频应用平台。它以亲民和多元化的内容闻名，支持多种形式的视频内容，包括直播和短视频。快手更注重内容的真实性和互动性，这使得它在各个年龄段和社会群体中都拥有庞大的受众基础。图1-8所示为快手网页版的横幅广告。

图 1-8

3. 小红书

小红书作为一个新兴的社交媒体平台，近年来在中国乃至全球范围内迅速崛起，成为深受年轻人尤其是年轻女性用户欢迎的平台。平台上的用户（被称为"笔记作者"）会分享各种内容，包括但不限于美妆、时尚、旅游、美食、健身等。这些内容通常以图文并茂或视频的形式展现，不仅提供实用信

图 1-9

息，还兼具娱乐性和视觉美感，极大地吸引了用户的注意力，如图1-9所示。

此外，小红书也是一个电商平台。用户可以直接在平台上购买创作者推荐的商品，无须离开应用程序就能完成购物流程。这种直接的购物体验极大地方便了用户，同时也为品牌提供了一条直接接触用户的途径。

知识延伸 | 小红书与抖音平台的区别

1. 从内容定位和分类上来说，小红书覆盖面较窄，几乎是以美妆、母婴、旅行或轻奢品牌种草为主；而抖音平台是一个全民娱乐学习的短视频App，覆盖面很广。

2. 从用户使用习惯上来说，小红书用户习惯主动搜索，对内容的信赖感较强；而抖音用户大多是被"投喂"的，用户的主动搜索一般是基于视频观看。

3. 从面向人群上来说，小红书主要面向当代年轻女性，而抖音面向的人群范围很广。

4. 哔哩哔哩

哔哩哔哩（以下简称B站）是国内最大的弹幕视频分享网站，深受年轻用户的喜爱。该平台以其弹幕评论系统而著名。观众可以同时观看视频和弹幕，进行实时互动。这种互动式的评论方式使得用户既可以通过弹幕表达自己的观点，又可以看到其他人的即时反馈，大大提高了用户的参与感和互动性。观看B

图 1-10

站的弹幕视频就像是参加一个大型的网络聚会，让人倍感亲切和有趣。图1-10所示为B站首页。

此外，B站还致力于打造一个充满活力和创造力的社区。用户不仅可以观看视频，还可以参与到视频创作中。该平台提供了丰富的创作工具，使用户可以上传自己的原创视频、发布弹幕评论、参与讨论和互动等。平台还会举办各种活动和比赛，鼓励用户之间的交流和合作，为优秀的创作者提供更大的展示平台和发展机会。B站的社区氛围和内容质量一直备受好评，这也是其能够吸引众多用户的重要原因之一。

除了以上介绍的4种传播平台，微视、秒拍、西瓜视频、好看视频等平台也很受欢迎。这些平台同样提供丰富的内容和创作工具，吸引众多用户加入。无论是观看者还是创作者，都能在这些平台上找到属于自己的乐趣和价值。

1.2 短视频创作流程

相较于传统视频来说，短视频的创作流程简化了很多。但创作者若想制作出优质的视频，还需要遵循一定的流程。

1.2.1 主题定位

内容是短视频创作的核心，然而创作出引人入胜的短视频并非易事，关键在于精准的主题定位。主题定位是短视频创作的第一步，也是至关重要的一步。它决定了视频的目标受众、内容和传达的信息。例如，一个关于健康生活的短视频可能会聚焦于健康饮食、运动习惯或心理健康等子主题。每个子主题都吸引不同的观众群体，因此，选择合适的子主题对吸引目标观众至关重要。

其次，主题定位需要了解并分析目标观众。创作者需要明确观众是谁，了解他们的兴趣、偏好以及观看短视频的习惯。这将有助于创作者制作出更符合观众口味的内容。例如，年轻观众可能更倾向于时尚和娱乐相关的内容，而年长观众可能更青睐教育或健康相关的内容。

再次，主题定位需要注重视频内容的持续性和一致性。成功的短视频创作者通常会围绕特定主题制作一系列视频，从而建立品牌认同感和观众忠诚度。例如，一位专注于户外冒险的视频博主可能会发布一系列关于不同旅行目的地的短视频，以吸引热爱户外活动的观众。

最后，主题定位需要体现创新性和独特性。在短视频内容泛滥的时代，创作者需要找到独特的视角或方法呈现主题，以便在众多内容中脱颖而出。这可能包括采用创新的拍摄技巧、独特的叙事方式或新颖的视觉效果。

1.2.2 撰写剧本

确定好主题和目标群众，接下来就进入剧本撰写阶段。剧本撰写是一个复杂的过程，需要创作者用文字精确地描绘故事场景、氛围、情节线索、人物动作和对话，为演员和导演提供清晰的指导。短视频的剧本撰写与传统剧本有所不同，它需要在有限的几分钟内，通过紧凑的叙事创作引人入胜的故事情节。相比传统剧本，短视频剧本的创意性和技术性要求更高。

对于非专业编剧来说，要写出优秀的短视频剧本确实有一定难度。但可以先准备好故事的大致框架，例如故事主题、拍摄场地、各演员的角色以及对话内容的大纲等，然后根据故事框架推敲剧情发展。当然，创作者还可以通过后期手段弥补剧情的不足，使故事结构更加完整和紧凑。

1.2.3 视频拍摄

确定主题，有了完整的剧本，接下来就进入视频拍摄阶段。要想拍摄出理想的画面效果，创作者可按以下几点操作。

1. 选择合适的拍摄环境

拍摄环境一定要与拍摄主题相适应。无论是户外还是室内，都要确保背景干净整洁。此外，创作者还须注意光线的使用。尽量选择自然光线，避免过暗或过亮的环境影响画面质量。

2. 调整合适的拍摄角度

拍摄时尝试不同的角度可以增强视觉吸引力和独特性。较低角度的拍摄可以增强画面的真实感；较高角度的拍摄可以展现画面的宽广感。通过不断尝试不同的角度和图像组合，可以营造多样的场景氛围和画面效果。

3. 保持稳定的拍摄画面

对于使用手机拍摄的创作者，应尽量借助防抖器材，如三脚架、手机支架或防抖稳定器等。这些器材能够有效帮助创作者避免拍摄过程中出现画面晃动现象。

4. 丰富多样的镜头画面

拍摄画面一定要有变化，避免使用单一焦距或固定姿势一拍到底。创作者应灵活运用镜头切换（如推镜、拉镜、跟镜、摇镜等）以及镜头景别（如远景、近景、中景、特写等）的切换来丰富视频画面。

1.2.4 后期剪辑

短视频的后期剪辑决定了视频的质量和观众的观感。剪辑不仅是对画面和声音的简单拼接，更是对整个视频内容、风格和信息传达的精雕细琢。创作者需具备专业的剪辑技能和审美水平，同时还需有足够的耐心处理视频的每一处细节。常见的短视频后期剪辑流程大致如下。

1. 粗剪：创作者需将所有选定的素材导入剪辑软件中，按照剧本的框架和情节顺序，将每个场景的镜头拼接在一起。该阶段主要关注故事的流畅性和完整性，以及镜头的转换和过渡是否自然。

2. 精剪：对视频的节奏、画面、音效等方面进行精细调整。该阶段需要关注视频的整体氛围、视觉效果和观众体验。创作者通过剪辑、缩放、变速、调色等方式优化画面，同时对音效进行处理，以达到最佳的视听效果。

3. 特殊处理：根据画面需求，创作者对视频进行一些特殊处理，如添加转场效果、滤镜、音效等。这些特效可以提升视频的视觉冲击力和艺术感，但需注意适度使用，以免影响观众观看体验。

4. 调色和音频处理：在剪辑的最后阶段，创作者需对视频进行调色处理，以提升画面的美感。同时，还需对音频进行处理，如调整音量、添加背景音乐等，以增强视频的听觉效果。

5. 输出与审核：该阶段需确保视频质量达到预期效果，符合主题和目标受众需求，并检查是否存在任何技术问题或错误。

1.2.5 发布运营

短视频创作完成后，就要进入发布与运营阶段。在短视频发布方面，选择发布时机至关重要。不同的平台和观众群体，在每天的不同时间段都有热度高峰。例如，对于年轻人而言，晚上和周末是他们观看短视频的主要时间段。因此，选择在这些时间发布短视频，可以获得更多的曝光量和关注。另外，要时刻关注热点事件和话题，抓住机会发布相关短视频，以提高传播效果。

在短视频运营方面，互动是关键。与观众的互动能够提升粉丝的黏性和忠诚度。创作者可以在视频中提问，引导观众评论和互动；也可以利用弹幕形式与观众进行实时互动；还可以通过发布有趣的挑战或互动活动，吸引观众参与并分享给更多人。通过互动，创作者能够与观众建立良好的关系，从而提高用户黏性和传播效果。

此外，在短视频运营过程中还要实时监测后台反馈数据。通过对观众点击率、转发率、观看时长等各项指标的分析，可以了解观众的喜好和行为，从而调整运营策略，提高短视频的传播效果和用户体验。

1.3 必会的短视频剪辑基础知识

剪辑短视频的目的是打造一个有血有肉、有故事情节的作品。在整个剪辑过程中，创作者可以通过各种技术手段对短视频进行加工处理，使短视频内容的呈现更加理想化。下面将介绍短视频剪辑方面的相关知识，以便为后续学习做好铺垫。

1.3.1 剪辑的作用

短视频剪辑在视频创作过程中起着非常重要的作用。它不仅可以提高视频的质量和观看体验，还有助于视频的宣传和推广，同时也能记录和留存珍贵的记忆。

1. 加强故事的完整性

通过剪辑，可以将一段或多段视频片段重新组合，形成一个有趣、富有创意和感染力的故事，使故事结构更加完整、情节更加流畅。

2. 增强吸引力和记忆性

通过巧妙的剪辑手法，如快速剪辑、特效应用、音乐与声音的融合，可以增强视频的吸引力，使其更加生动有趣。这种形式的内容更容易被观众接受和记住，从而提高信息传播效果。

3. 控制视频节奏

通过剪辑可以调整视频的播放速度、时长等。尤其对于短视频创作来说，控制好视频节奏至关重要。紧凑的节奏能够更好地表达视频的主题和情感，提高观众的代入感。

4. 有助于视频宣传和推广

通过专业的剪辑技巧，企业或品牌商能够将自己的产品理念以生动、有趣的方式呈现给观众，从而提高品牌知名度和美誉度。

5. 实现创意表达关键

剪辑不仅是一种技术操作，还是一种艺术表达。创作者通过对画面的剪接、色彩调整、音乐与声音效果的融合，可以创造出不同的风格和氛围，让视频作品呈现出独特的艺术效果。

1.3.2 剪辑术语

了解一些常见的剪辑术语，可以帮助用户深入理解剪辑这门技术，以便在进行作品剪辑时更加得心应手。

时长：指视频的时间长度，基本单位是秒。常见的时长单位包括小时、分钟、秒和帧。其中，帧是视频的基础单位，将1秒分成若干等份，每一份为一帧。

关键帧：指素材中的特定帧，通常用于标记以进行特殊编辑或其他操作，从而控制动画的播放、回放及其他特性。例如，在创作视频时，为数据传输要求较高的部分指定关键帧，有助于提升视频回放的流畅程度。

转场：指不同内容的两个镜头之间的衔接方式，一般分为无技巧转场和有技巧转场两种。其中，无技巧转场指两个画面之间的自然过渡；有技巧转场则通过后期制作实现画面之间的淡入、淡出、翻页、叠化等过渡效果。

定格：指将电影胶片的某一格或电视画面的某一帧，通过技术手段增加若干格或帧相同的胶片或画面，以达到影像处于静止状态的目的。

闪回：闪回的内容一般为过去出现的场景或已经发生的事情。闪回是指在编辑视频时，将很短暂的画面插入某一场景，用以表现人物此时此刻的心理活动以及情感起伏，手法简洁明快。

景别：根据景距和产生视角的不同，主要分为远景、全景、中景、近景、特写。相关内容将在后面的章节中进行详细介绍。

蒙太奇：指通过将多个短片段组合在一起，以展现时间的流逝或讲述复杂的故事。蒙太奇常用于展现过程或发展，例如角色的成长或长途旅行。

画面比例：指视频画面实际显示宽度和高度的比值，即通常所说的16：9、4：3、2.35：1等。例如，一个HD视频的画面尺寸是1920px × 1080px（1.0），那么画面比例就是1920 × 1/1080 =1.778=16：9。新手常会遇到画面生成后上下或左右存在黑边的问题，这时需要检查原始视频素材的画面比例和导出视频的画面比例是否一致。

声轨：一段视频包含了不同的声音轨道，彼此独立、互不影响。声轨可以理解为原来DVD中的中文轨道、英文轨道等，能够在播放器中切换。

渲染：指将项目中的源文件生成最终影片的过程。

编解码器：是指压缩和解压缩。在计算机中，所有视频都有专门的算法或程序来处理，此程序称为编解码器。

1.3.3 视频剪辑惯用手法

视频剪辑的手法有很多，其中静接静、动接动、动静结合、拼接和分屏这5种手法较为常用。每种手法都有其独特的表达效果和适用场景。

1. 静接静

静接静是一种相对简单但效果显著的剪辑手法。它指的是将两个静态画面连接起来，通常用于展示静态环境或者人物的情绪变化。例如，从一个人物凝视窗外的静态镜头切换到另一个静态的风景画面，这样可以营造宁静、深沉的氛围，让观众沉浸在角色的情感世界里。这种手法不强调视频运动的连续性，更加注重镜头的连贯性，如中景切特写（如图1-11所示）、全景切近景。

图 1-11

2. 动接动

动接动常用于运动或快节奏场景中。将两个动态画面连接，可以增强视觉上的冲击力和连贯性。例如，在追逐场景中，快速切换不同角度的动态镜头，不仅能展现场景的紧张感，还能让观众感受到速度和力量。这样既可以让拍摄的镜头富有张力，又能展现更多的场景元素。图1-12所示为主人公日复一日训练乒乓球的场景。

图 1-12

3. 动静结合

动静结合是将动态画面和静态画面混合使用的一种手法。这种手法可以用来平衡节奏，创造出既有动感又不失细腻的观看体验。例如，从一个激烈战斗的场景切换到主角平静的脸部特写，既能突出战斗的激烈，又能展示角色内心的平静或其他复杂的情绪，如图1-13所示。

图 1-13

4. 拼接

拼接是一种创意性很强的剪辑手法。它通过将看似不相关的画面组合在一起，创造出全新的意义或幽默感。这种手法常用于艺术电影或者一些创意广告中。例如，将一个人把帽子扔出画面外的镜头拼接到另一个人从相对的角度接到这个帽子或其他物品的镜头，两组镜头组合成一组连贯的动作，让视频看起来更加有趣，如图1-14所示。

图 1-14

5. 分屏

分屏是一种较为复杂的剪辑手法，指在一个画面中同时展示多个不同的场景或角度。这种手法能够有效传达时间的流逝或多线并进的故事结构。在叙述多个人物同时发生事件的视频中，通过分屏可以同时展现这些事件，增强故事的层次感和丰富性，如图1-15所示。

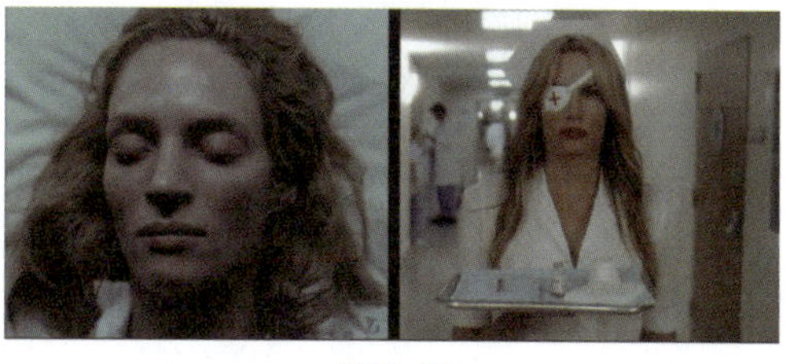

图 1-15

11

1.4 学会使用拍摄设备

视频拍摄设备种类繁多，如摄像机、手机、摄像支架、拍摄所用的灯光和话筒等。对于新手来说，应先熟悉并学会使用这些设备，以便为后续拍摄技能的学习做好准备。

1.4.1 录像设备

录像设备有多种类型，如专业摄像机、家用数码摄像机以及随身携带的智能手机等。其中，专业摄像机体积较大，属于广播级别的机型，一般适用于演播室或录影棚等场合。这类摄像机具有图像质量高、性能全面等特点，但由于体积较大，在户外拍摄时携带不便，如图1-16所示。

家用数码摄像机适用于非正式场合，如家庭聚会、户外旅游等。这类机型体积较小、重量较轻，便于携带，如图1-17所示。但使用它拍摄的画面质量会低于广播级摄像机。

随着电子科技的迅猛发展，智能手机（如图1-18所示）已成为人们生活中不可或缺的一部分。自然，手机也成为人们拍摄视频并进行日常分享的主流设备。手机拍摄门槛较低，用户只需使用手机的相机功能，就能随时随地记录身边发生的事情。尤其对于喜爱自拍的用户来说，没有比手机更具优势的拍摄设备了。

图 1-16　　　　　　　　图 1-17　　　　　　　　图 1-18

1.4.2 稳定设备

为了防止拍摄画面出现抖动，需要利用各种摄像支架设备来固定摄像机。对于专业摄像机来说，常用的支架设备有三脚架、摄像摇臂等，如图1-19所示。

手机拍摄常用的支架主要包括手机三脚架、自拍杆和稳定器等，如图1-20所示。

图 1-19　　　　　　　　　　　　　　　　图 1-20

🔗 知识延伸

　　自拍杆可以说是手机拍摄或录像的神器，可在20cm~120cm间任意伸缩。拍摄者将手机固定在自拍杆上，通过遥控器可以实现多角度自拍。在进行手持拍摄时，稳定器能够保证手机画面的稳定性。拍摄者无论是处于站立、走动，还是跑步状态，加装稳定器后，都能拍摄出稳定的画面或顺畅的视频。

1.4.3 灯光设备

拍摄时常用的灯光设备有LED灯、钨丝灯、柔光灯和环形灯等。

LED灯是目前主流的视频拍摄灯光设备之一，具有亮度高、节能环保、使用寿命长等优点。LED灯的色温可以根据拍摄需要进行调节，非常方便，如图1-21所示。

钨丝灯是一种传统的灯光设备，具有亮度高和可调节色温的特点，能够营造温馨、浪漫的氛围，常用于家庭和餐厅等场景的拍摄，如图1-22所示。

柔光灯可以使光线变得柔和，减少阴影和光斑的产生，使拍摄的人物或物品更加柔和自然，如图1-23所示。

环形灯是一种可提供均匀光线的灯光设备，常用于美妆、人像等拍摄。它可以放置在拍摄对象的前方或上方，光线十分柔和，如图1-24所示。

图 1-21   图 1-22   图 1-23   图 1-24

环形灯与柔光灯在使用上有所区别。环形灯适合拍摄人像、美妆或自拍，而柔光灯则更适合拍摄近距离的人像、物品和美食。在光线效果方面，环形灯能够拍摄出独特的眼神光圈效果，从而增强人物的立体感和层次感。柔光灯则提供均匀柔和的光线，适用于范围较小的拍摄场景。

除上述灯光设备外，拍摄时还会使用一些辅助照明设备。例如，反光板可以改善现场光线，使拍摄主体上的光照保持平衡，避免出现过于强烈的光线。

1.4.4 收音设备

在拍摄过程中，收音设备必不可少。选择合适的收音设备可以增强观众的代入感。目前常见的收音设备有麦克风和录音笔两种。

1. 麦克风

利用麦克风可以将现场原声放大传播，使在场的观众能够清晰地听到。麦克风常用于演讲、演唱、会议、户外拍摄等场合。麦克风的种类有很多，按照外形可分为手持麦克风、领夹式麦克风、鹅颈式麦克风和界面麦克风4种，如图1-25所示。

图 1-25

手持麦克风主要用于室内节目主持、演讲、演唱等场合。这类麦克风能够增强主音源、抑制背景噪声，还可以消除原声中的气流声与噪声。

领夹式麦克风无须手持，因此比较适合户外演讲、户外直播等场合。这类麦克风机身轻巧，外出携带非常方便，佩戴时也不会对使用者造成负担。

鹅颈式麦克风主要用于室内会议场合。这类麦克风收音准确清晰，灵敏度高，因此无须紧贴嘴巴即可捕捉声音。使用时，可以根据人物坐姿或站姿的角度调整麦克风的位置。

界面麦克风常用于电话会议场合。这类麦克风灵敏度极高，收音范围广。在举行圆桌会议时，所有参会者的声音都能被准确捕捉。然而，它容易受到环境噪声的干扰，从而影响收音效果，因此使用时须保持周围环境安静。

2. 录音笔

录音笔具有存储容量大、待机时间长、录制时长可达约20小时以及录制音色较好的特点。一些高档录音笔还配备降噪功能。在拍摄视频时，录音笔经常被使用。

1.5 掌握拍摄基本技法

运用一定的拍摄技法可以让视频画面更加出彩。以下从景别、构图和运镜方式3个方面介绍拍摄的基本技法。

1.5.1 拍摄景别

景别是指主体物在屏幕框架结构中呈现出的大小和范围。景别分为远景、全景、中景、近景和特写这几个级别，如图1-26所示。

图 1-26

1. 远景

远景是一种较远距离拍摄的景别，用于显示人物或物体与周围环境的关系。它可以用来展示广阔的风景、人物在大环境中的行动或场景中的重要元素。

2. 全景

全景的拍摄范围小于远景，主要突出画面主体物的整体面貌，如主体人物的全身、体型、衣着打扮、面貌特征等。与远景相比，全景具有明显的内容中心和结构主体。

3. 中景

中景主要展示主体人物膝盖以上部分或某一场景的局部画面。与全景相比，中景的取景范围更加紧凑，环境处于次要地位，主要突出主体物的显著特征。

4. 近景

近景主要表现人物胸部以上或主体物的局部画面。与中景相比，近景的画面更加单一，环境和背景处于次要地位，需将主体物置于视觉中心。

短视频剪辑与 AI 创作 （全彩微课版） ——DeepSeek+剪映

在拍摄近景时，往往需要更加靠近主体物。由于手机镜头通常为定焦镜头，因此需要通过移动位置改变景别效果。

5. 特写

特写是展示主体物某个局部的镜头，常用于拍摄主体物的细节或人物某个细微的表情变化。由于特写需要靠近主体物，取景范围非常小，画面内容较为单一。与其他景别相比，特写会完全忽略背景与环境。在拍摄特写镜头时，一定要设置好对焦距离，否则画面可能模糊不清。

1.5.2 拍摄构图

画面构图可以理解为画面的取景，画面中的每个对象都是构图元素。通过不同的构图方式，可以突出不同的主体，增强画面的表现效果。

1. 中心构图

中心构图是最简洁、最常用的一种构图方法，即将主体放置在画面的视觉中心，形成视觉焦点。这种构图方式的最大优点在于主体突出、明确，而且画面容易达到左右平衡的效果，如图1-27所示。

2. 九宫格构图

九宫格构图（俗称井字构图），是通过竖直和水平各画两条直线组成一个"井"字，将画面均分为九格。竖线和横线相交形成4个点，这4个点被称为黄金分割点，也是画面的视觉重点所在，如图1-28所示。用户可以将画面主体放置在任意一个黄金分割点上。

图 1-27

图 1-28

在使用手机拍摄时，可以开启"参考线"功能进行辅助。进入手机相机界面，点击"设置"按钮，打开"参考线"功能，此时九宫格参考线会显示在相机界面中，如图1-29所示。

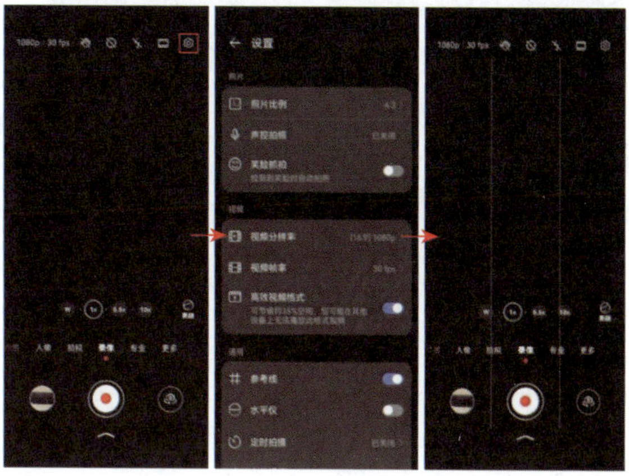

图 1-29

3. 对称构图

对称构图是指按照一定的对称轴或对称中心，使画面中的景物形成轴对称或中心对称。对称构图可以使画面显得整齐、平衡和稳定，给人和谐、安宁的感觉。它适合拍摄各种场景，如建筑物、景观、人物等。在拍摄建筑物时，可以将建筑物的中心放置在画面中心，以突出建筑物的对称美，如图1-30所示。在拍摄人物时，可以将人物放置在画面中心，以突出人物的稳定和均衡。

4. 斜角式构图

斜角式构图是一种特殊的构图方式，通过将主要元素放置在画面的一个角落或边缘，使画面呈现倾斜或斜角的效果。这种构图方式可以营造出动感、不稳定或戏剧化的视觉效果，从而吸引观众的注意，如图1-31所示。

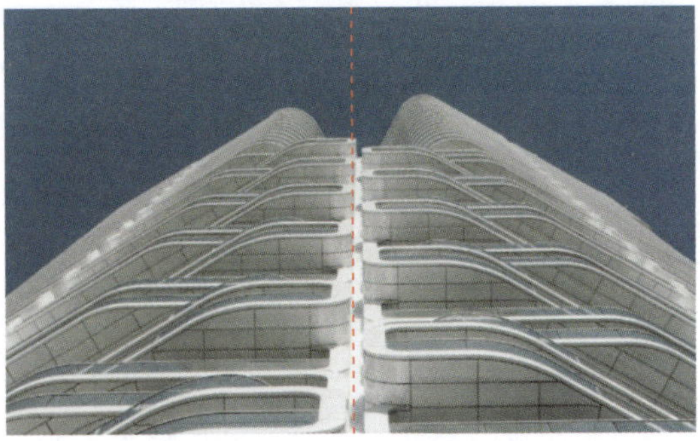

图 1-30

图 1-31

5. 引导线构图

引导线构图是一种利用线条引导观众视线的构图方式，如图1-32所示。这种构图方式通过巧妙安排线条的方向和位置，引导观众视线流动，使其关注画面中的特定主题或元素。引导线条可以是实际存在的，如道路、河流、树枝等；也可以是想象出来的，如人物的视线、物体的边缘等。这些线条可以是直线、曲线、对角线等不同形状和方向的线条。

6. 框架构图

框架构图是一种利用边框或框架围绕主题或元素的构图方式，如图1-33所示。这种构图方式通过在画面中添加边框或框架，将观众的视线集中在画面中的特定区域，以突出主题或元素。框架可以有多种形式，如拱桥、拱门、门洞、山洞、各种缝隙等。

图 1-32

图 1-33

如果所处环境不具备框架条件，则可以利用人为制造的框架进行构图。例如，用手机作为框架进行拍摄，可以产生画中画的神奇效果。利用车镜、化妆镜等各类镜面构建一个框架，同样可以起到聚焦画面的作用。

1.5.3 拍摄运镜方式

运镜是指摄像机在运动中拍摄的镜头，也称为移动镜头，是视频拍摄中不可缺少的一个环节。好的运镜可以为视频增添无穷的魅力，因此掌握一些运镜技能非常必要。

1. 推镜头

推镜头是指镜头在拍摄过程中向前移动，逐渐接近拍摄对象，使拍摄对象在画面中的比例逐渐变大的一种运镜方式。这种方式在拍摄中最为常见。如图1-34所示，镜头逐渐向主人公推进，从而引出要讲述的故事。

图 1-34

平缓的推镜速度能够表现出安宁、幽静、平和、神秘等氛围。急促的推镜速度则能表现出紧张、不安的气氛，或激动、愤怒等情绪。特别是急促的推镜，使画面从稳定状态到急剧变动，继而突然停止，具有很强的视觉冲击力。

2. 拉镜头

拉镜头与推镜头正好相反，是指镜头逐渐远离拍摄对象，让拍摄对象在画面中的比例逐渐变小。使用拉镜头的方式可以表达特定的情感和氛围。例如，在一部惊悚电影中，当主人公发现自己被追捕时，可以将镜头拉远，从而制造孤立无援的感觉。在这种情况下，拉镜头通过增加主人公与追捕者之间的距离，强调主人公的危险处境，让观众感受到紧张和恐惧。

图1-35所示为使用拉镜头的方式，让女孩逐渐从画面中消失，直到看到远处的风景，这也寓意女孩即将开始新生活。

图 1-35

3. 移动镜头

移动镜头是通过水平移动摄像机来跟随一个移动的拍摄对象。与静止镜头相比，移动镜头更能增强故事叙述的动态感和深度。例如，在紧张的动作场景中，使用快速且不规则的移动镜头可以增强紧迫感，而在平静或情感深沉的场景中，使用平缓、流畅的移动镜头能更好地表达情绪的细腻和深度。

图1-36所示为从上到下移动镜头的画面，表现了主人公对这段美好回忆的向往。移动镜头常用于场景衔接，以及人物、物体、景点的介绍等画面。

图 1-36

4. 摇动镜头

摇动镜头是指保持摄像机位置不变，通过摆动镜头来实现画面移动的方式。图1-37所示为左右摇动镜头拍摄的画面。这种运镜方式可以带来更广阔的视野，常用于介绍拍摄对象与当前整体环境的关系，或者展现风景、城市、宴会、天空、海洋等开阔场景。

在拍摄紧张的故事情节时，创作者可以通过摇动镜头营造紧迫感，使观众身临其境，更加投入故事情节中。

图 1-37

5. 跟随镜头

跟随镜头也称为跟踪镜头，拍摄者能够流畅、稳定地跟随某一物体或人物移动，从而创造引人入胜的视觉效果。图1-38所示为拍摄镜头一直跟随一片飘动的羽毛，引出主人公登场。这种拍摄方式的特点是镜头与被拍摄对象保持一定的距离和角度，随着对象的移动而移动，捕捉连续的动态画面。

图 1-38

6. 环绕镜头

环绕镜头是指摄像机围绕某一个或多个拍摄对象进行旋转拍摄。这种方式通常用于增强视觉效果、加强故事情感，或者强调某个特定的场景或人物。图1-39所示为通过推镜头与环绕镜头相结合的方式，强调主人公内心变化。

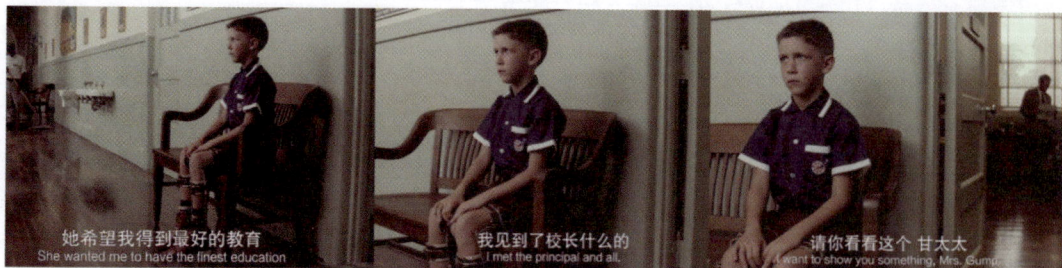

图 1-39

环绕镜头不仅可以增强画面的视觉冲击力，还能够深化故事情节，使整个故事展现得更加淋漓尽致。

7. 升降镜头

升降镜头常被称为垂直运动镜头，主要通过垂直方向上的镜头移动进行拍摄，能够为观众提供独特的视觉体验。升降镜头可以分为升镜头和降镜头两种。垂直向上移动的镜头称为升镜头；垂直向下移动的镜头称为降镜头。图1-40所示为利用升镜头展现主人公的全貌。

图 1-40

升降镜头不仅是一种视觉效果的展示，还承载着丰富的叙事功能。通过升降镜头可以引导观众的注意力，突出故事中的关键元素，或者在视觉上创造出情感的高潮。例如，在一些史诗影片中，升镜头常用于展示壮观的场景或大规模的人群，营造宏大的视觉效果；而在一些心理剧中，降镜头常用于表现人物的孤独或无助。

第 2 章

DeepSeek
基础入门

DeepSeek 作为一款功能强大的 AI 助手，具有广泛的应用场景和丰富的功能。通过掌握其基础入门知识，用户可以更好地利用 DeepSeek 来提升工作效率、获取所需信息并享受便捷的智能服务。

2.1 DeepSeek 概述

DeepSeek由杭州深度求索人工智能基础技术研究有限公司推出。它是一款专注于开发先进的大语言模型（LLM）及相关技术的产品，能够理解并处理自然语言，为用户提供准确、全面的信息检索服务。

2.1.1 DeepSeek 的核心功能

DeepSeek的核心功能涵盖了文本生成、自然语言理解与分析、编程与代码相关等多个方面，为用户提供全面而强大的支持。对于DeepSeek核心功能的归纳和解释如下：

- 文本生成：能够生成各种类型的文本内容，如文章、故事、诗歌、营销文案等。还支持长文本摘要、文本简化，以及多语言翻译与本地化功能。
- 自然语言理解与分析：具备知识问答、逻辑推理、因果分析等能力，可进行语义分析、情感分析、意图识别和实体提取等操作。支持多轮对话，理解上下文，提供连贯的回答。
- 个性化推荐：根据用户行为和偏好，提供个性化建议，应用于内容、产品和服务的推荐。
- 编程与代码相关：支持代码调试，包括错误分析与修复、代码性能优化提示，还能根据需求生成代码片段、自动补全和注释生成。
- 数据分析与洞察：能够从大量数据中挖掘信息和模式，如市场趋势、用户需求等，为决策提供数据支持。
- 任务自动化与流程优化：可以自动执行重复性任务，如数据整理、报表生成等，还能与办公软件无缝集成，优化工作流程。

2.1.2 DeepSeek 的应用场景

DeepSeek的应用场景非常广泛，涵盖教育、金融、软件开发、旅游、政务等多个领域。DeepSeek主要应用场景的详细介绍如表2-1所示。

表2-1

应用领域	应用场景	描述
教育	备课与教案生成	教师输入课程主题等信息，DeepSeek快速生成详细教案和大纲
	课件制作	结合工具快速生成PPT课件，提高制作效率
	学生成绩分析与差异化教学	分析学生成绩，提供教学调整建议和差异化教学设计
	智能问答与辅助教学	充当教学顾问，为教师提供快速、高质的解决方法或思路
金融	资产配置建议	根据用户资产状况和投资目标，制定最优资产配置方案
	智能投研与风控	辅助投研人员进行市场研究、数据分析、风险评估等工作
	客户服务	构建智能知识库系统，开发智能聊天机器人和客服应用
软件开发	代码生成与优化	辅助代码生成和调试，提高效率，降低错误率；对现有代码进行优化
	跨语言转换与智能补全	实现不同编程语言代码的转换，自动补全代码
旅游	智能客服	为游客提供旅游资源介绍、行程规划、游玩攻略等智能客服服务
	营销活动策划	为景区策划营销活动方案，提供创意文案、宣传推广软文等
	个性化旅行方案定制	快速量身定制多套旅行方案，提升旅行规划效率和需求匹配度

应用领域	应用场景	描述
政务	公文写作与数据分析报告	辅助公文写作，提高写作效率和质量；生成数据分析报告
	语音转文字与会议纪要	实现会议语音转写、一键校对和摘要生成等功能
数据分析	行业分析与市场预测	进行行业分析和市场预测，为企业的战略决策提供有力支持
艺术创作	创意设计与影视创作	Janus-Pro多模态模型在艺术设计、影视创作等领域展现潜力
医疗	医疗健康（如医学影像分析）	分析医学影像，快速识别病灶，辅助医生诊断疾病

2.2 DeepSeek 界面与操作指南

DeepSeek界面布局直观易懂，用户只需在对话框中输入问题，点击相关按钮即可获取答案，操作简便快捷。

2.2.1 快速登录

DeepSeek既有电脑端版本，也有手机端版本。用户可通过官网登录账号后在网页上直接使用，也可以在手机应用市场或官网下载手机端版本。手机端提供iOS和安卓两个版本，默认搭载DeepSeek-R1模型，具备深度思考与联网搜索、拍照识字等功能，方便用户随时随地使用。

打开DeepSeek官网，网页中提供了电脑端和手机端两种登录方式。单击"开始对话"按钮，可以进入电脑端应用界面；若单击"获取手机App"按钮，则会弹出一个二维码。使用手机扫描二维码后，根据手机屏幕中的提示即可下载手机端DeepSeek，如图2-1所示。

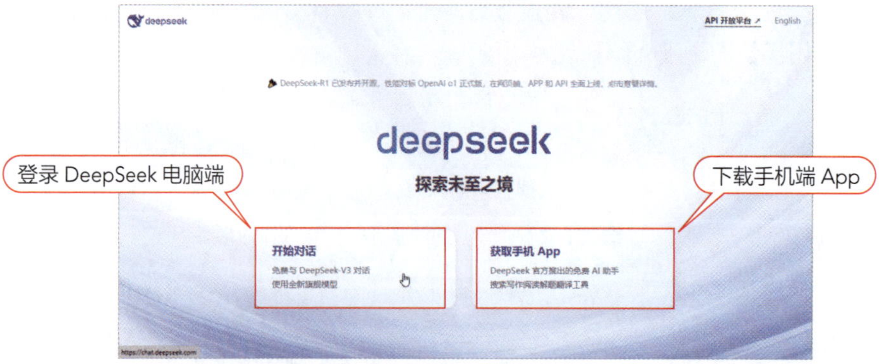

图 2-1

若之前没有登录过DeepSeek，在网站首页单击"开始对话"按钮后会进入登录界面，用户可以选择使用手机号或微信快速登录。

1. 使用手机号登录

在"验证码登录"选项卡中输入手机号，并发送验证码。随后将收到的验证码输入文本框中，勾选"我已阅读并同意用户协议和隐私政策"复选框，单击"登录"按钮，即可登录DeepSeek，如图2-2所示。

图 2-2

2. 使用微信登录

在登录界面单击"使用微信扫码登录"按钮，使用手机微信扫描二维码即可登录DeepSeek，如图2-3所示。若当前计算机中已经登录了微信号，单击"使用微信扫码登录"按钮后，只需在弹出的窗口中单击"微信快速登录"按钮，便可以直接登录系统，如图2-4所示。

图 2-3　　　　　　　　　　　　　　　　图 2-4

2.2.2　注册账号

用户也可以注册DeepSeek账号，通过密码进行登录。具体操作方法如下。

在登录界面中切换至"密码登录"选项卡，新用户单击"立即注册"按钮，如图2-5所示。输入手机号、设置密码，并向手机发送并填写验证码，最后勾选"我已阅读并同意用户协议与隐私政策"复选框，单击"注册"按钮，即可完成账号注册，如图2-6所示。此后便可使用手机号和密码进行登录。

图 2-5　　　　　　　　　　　　　　　　图 2-6

2.2.3　界面布局

DeepSeek的界面布局简洁明了，包含对话输入框、边栏等核心区域。在对话输入框中输入问题或指令后，系统即会给出回答。默认情况下边栏为折叠状态，单击"打开边栏"按钮，可以将边栏展开，在展开的边栏中可以查看到历史对话，如图2-7所示。

图 2-7

2.3 DeepSeek 提示词与文案生成

DeepSeek能够帮助用户快速生成高质量的文案内容，提高工作效率和创作效果。无论是广告文案、社交媒体推文还是产品介绍等场景，DeepSeek都能为用户提供有力的支持。

2.3.1 了解提示词

"提示词"是指用户向AI系统提供的简短指令或信息，用于引导AI生成符合期望的内容。它帮助AI模型理解用户的意图，并据此生成相应的文本、图像、音频或视频等内容。

通过向系统输入具体的提示词，用户可以明确地告诉AIGC（人工智能生成内容）需要生成什么样的文案。例如，用户需要一篇AI话题的文章，提示词能够引导AIGC系统按照用户的意图和需求生成文案，如图2-8所示。

图 2-8

为了确保AIGC输出的内容与用户的期望相符，用户需要了解提示词具备的特点和应用技巧。

1. 提示词应具备的特性

● 明确性。在编写提示词之前，首先要明确自己的需求。例如，是生成一篇新闻报道、一篇科技评论，还是一条产品推广文案等。明确需求有助于更准确地描述问题，提高提示词的有效性。

● 具体性。用户需要清晰地指出想要生成的内容类型、主题、风格、目标受众等关键信息。例如，如果用户希望生成一篇关于旅游的文章，提示词应明确指出文章的主题（如"欧洲十大旅游胜地"）、风格（如"轻松幽默"或"专业翔实"），以及任何特定的要求（如"包含当地美食介绍"）。

● 一致性。提示词中的各个部分应保持一致性，避免出现相互矛盾或冲突的信息。例如，如果用户既要求文章语言简洁明了，又要求包含大量详细的数据和图表，这可能会让AI感到困惑，导致生成的内容不符合期望。

● 相关性。提示词应与用户期望生成的内容紧密相关，避免引入无关或冗余的信息。例如，如果用户希望生成一条关于新产品的广告语，提示词应专注于产品的特点、优势和目标受众，而不是其他不相关的信息。

● 适应性。考虑到AI模型的特点和限制，提示词应适应AIGC的生成能力。例如，某些AIGC可能更擅长生成短文本（如标题、标语），而不太擅长生成长篇文章。因此，用户应根据AI模型的特点调整提示词。

- **灵活性**。提示词需要明确和具体，但也应保持一定的灵活性，以便AIGC能够在生成内容时发挥创意。例如，用户可以给出一些开放性的提示，如"以一种新颖有趣的方式描述这个产品"，这样AIGC就有更多的空间来发挥创意。

2. 提示词的使用技巧

- **考虑场景**。明确内容将在什么样的场景中使用，这将帮助AIGC生成更符合场景需求的内容。例如，生成课堂教学内容时，需要明确这一点，以便AIGC生成适合课堂教学的内容。
- **避免歧义**。尽量使用简洁明了的词汇和句子结构，避免使用容易引起歧义的词汇或句式。例如，应避免使用模糊或含糊不清的表述，如"可能""大概"等。
- **设定限制条件**。为了更精准地引导AIGC，可以设定一些限制条件。例如，可以指定关键词，避免某些话题或采用特定的语言风格等。
- **逐步细化**。逐步细化提示词有助于更好地控制生成内容，从而提升质量。例如，可以先提供一个大致的主题和要求，然后根据生成的初步内容逐步细化提示词。
- **测试与调整**。在向AIGC发送提示词之前，可以先进行小范围测试，观察输出内容是否符合预期。如果不符合预期，可以根据测试结果调整提示词的结构和内容。
- **避免偏见与歧视**。提示词应避免包含任何偏见、歧视或不当言论，以确保生成内容公正、客观且符合社会价值观。

2.3.2 提示词设计

优化文案是一个结合工具生成与人工编辑的过程。通过明确文案目标与受众，以及掌握提示词使用技巧，利用AIGC工具生成文案初稿，再对文案内容进行优化，可以生成更具吸引力的文案。

例如，用户需要为一款香水撰写一句广告语。这款香水的主要产品信息和广告语的要求如下：

产品名称：馨悦
目标受众：年轻消费者
产品特点：创新、天然
语言风格：简洁明了、富有感染力
具体要求：包含产品名称，突出产品优势，激发购买欲望
根据产品信息和对广告语的要求，设计的提示词如下：

请为一款名为"馨悦"的香水生成一句广告语。以清新花香为主调，持久留香，包装高端，采用天然成分，适合年轻消费者，唤醒感官体验。

下面将使用DeepSeek生成产品广告语。打开DeepSeek，在对话输入框中输入提示词，随后单击⬆按钮发送提示词，如图2-9所示。

系统随即生成多种版本的广告语：

图2-9

馨悦香水广告语：
1. 简约版：
   - 馨悦，唤醒你的春日花园。
   - 天然花香，持久绽放。

- 高端之选，感官盛宴。
2. 强调天然成分：
   - 萃取天然花香，馨悦与你共呼吸。
   - 源自自然，唤醒感官，馨悦与你共舞。
3. 强调持久留香：
   - 馨悦，花香萦绕，久久不散。
   - 一整天，都被花香拥抱。
4. 强调高端包装：
   - 馨悦，精致之选，品位之选。
   - 高端包装，尽显优雅气质。
5. 强调年轻消费者：
   - 馨悦，年轻的味道，活力的味道。
   - 唤醒你的感官，释放你的青春活力。
6. 诗意版：
   - 晨曦初露，花香轻启，馨悦与你，共赴一场感官盛宴。
   - 撷取一缕花香，封存于瓶，馨悦与你，共度美好时光。

最终推荐：

馨悦，唤醒你的春日花园。

理由：简洁明了，突出香水清新花香的主调，同时"唤醒"一词也暗示了香水能够唤醒感官体验，适合年轻消费者。

2.3.3 重新生成内容

DeepSeek根据提示词生成文案后，若对生成的内容不满意，可以单击所生成内容左下角的"重新生成"按钮，重新生成内容，如图2-10所示。

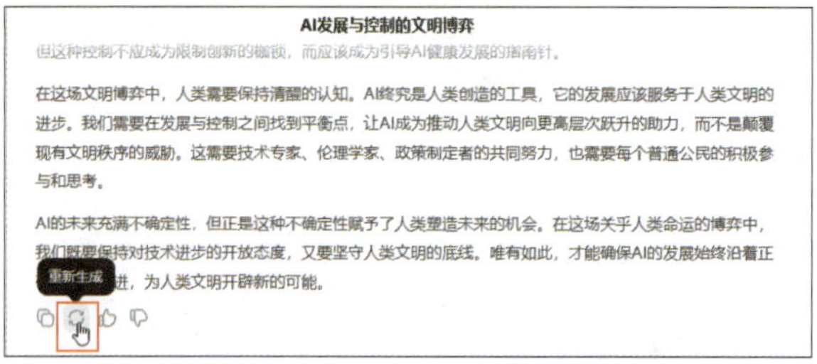

图 2-10

2.3.4 文案优化

DeepSeek支持多轮对话，在生成内容后，可以继续补充提示词对已生成的文案进行进一步优化。

打开DeepSeek发送如下提示词：

以"小满"节气为话题写一首现代诗，200字左右。

生成内容后，在当前对话窗口中继续发送提示词：

请增强这首现代诗的意象生动性，融入更多的自然元素和细节描写。

第一次生成的内容和第二轮对话后经过润色的内容如下：

《小满未满》
麦穗在风里低头
数着灌浆的日子
阳光斜斜地
切开青绿的汁液

农人站在田埂
影子被拉得很长
像一根等待的弦
轻轻颤动

雨水在云层中
酝酿着恰到好处的
分寸
既不满溢
也不干涸

我站在窗前
数着日子
等待一个
永远差一点的圆满

就像你
站在我目光的尽头
永远差一步
就能触及

[第一次生成]

《小满未满》
麦穗在五月的风里低垂
青绿的锋芒刺破晨雾
露珠沿着叶脉
滚落成时间的刻度

蜻蜓点过水田
涟漪推开云影
农人的草帽下
汗水正在结晶

蝉鸣在枝头
调试着夏日的琴弦
一声比一声
接近圆满

我数着雨滴
落在瓦檐
像未说完的话语
悬在半空

而你站在暮色里
身后是整片
正在灌浆的麦田
永远差一束光
就能成熟

[润色后]

　　除了通过多轮对话的形式对直接生成的文案进行优化，用户也可以将需要优化或更改的内容以附件形式上传，如图2-11所示。在对话输入框中输入具体的处理要求，系统会自动识别附件中的文字内容，对文案进行相应处理。

给 DeepSeek 发送消息

⊗ 深度思考 (R1)　⊕ 联网搜索

上传附件（仅识别文字）
最多 50 个，每个 100 MB，支持各类文档和图片

图 2-11

2.3.5 导出与分享文案

　　若要使用DeepSeek生成的内容，可以复制内容，将其粘贴到需要的位置。用户可以通过单击生成内容左下角的"复制"按钮，复制内容，如图2-12所示。

　　也可以选择要使用的内容，按Ctrl+C组合键

复制成功　×　创作

而你站在暮色里
身后是整片
正在灌浆的麦田
永远差一束光
就能成熟

复制

图 2-12

27

复制，或鼠标右键单击所选内容，在弹出的菜单中选择"复制"选项进行复制，如图2-13所示。

图 2-13

2.4 DeepSeek 切换对话与模式选择

为了让用户更快掌握DeepSeek的使用技巧，还需要了解对话窗口的切换方法，以及DeepSeek的使用模式。

2.4.1 切换对话窗口

DeepSeek能够根据上下文内容，进行连续的对话，当需要生成与当前对话不相干的新内容时，可以单击界面中的"开始新对话框"按钮，此时便会切换为一个新对话窗口，如图2-14所示。

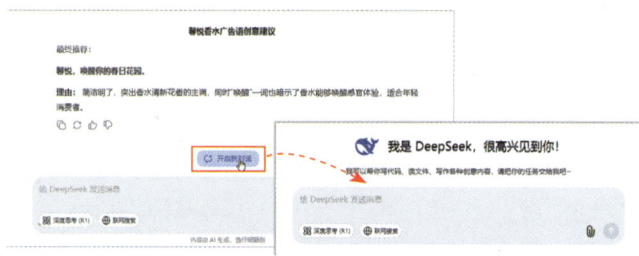

图 2-14

已经结束的对话，也可以重新打开窗口继续进行对话。在界面左上角单击"打开边栏"按钮，展开边栏，在对话记录中单击需要继续进行对话的选项，即可再次进入对话状态，如图2-15所示。

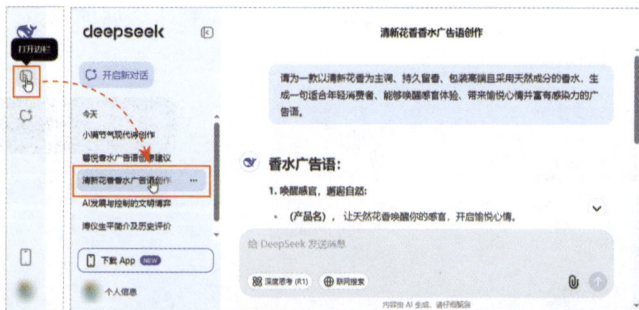

图 2-15

2.4.2 模式选择

DeepSeek提供了三种使用模式，用户可以根据实际需求选择合适的模式。

- 基础模式（V3）：默认模式，适用于日常对话、知识问答、文案创作等场景。该模式知识面广、响应速度快，适合大多数日常使用场景。

- 深度思考（R1）：适用于复杂推理、代码开发、数学问题等需要深度分析思考的场景。该模式逻辑性强、思维链完整，但响应速度相对较慢。
- 联网搜索：适用于查询最新信息、实时数据等场景。该模式可以获取最新的信息，但不建议与深度思考模式同时使用。

在对话输入框左下角单击“深度思考”或“联网搜索”按钮，即可从基础模式切换为响应模式，如图2-16所示。

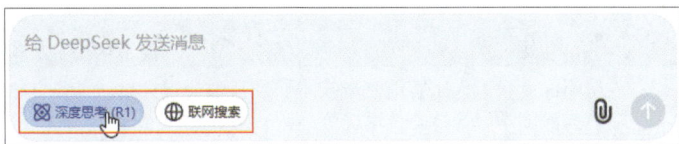

图 2-16

案例实战

深度思考模拟历史人物写日记

DeepSeek在“深度思考”方面具有强大的能力，它能够深入理解问题背景，通过逻辑推理和创造性思维，生成符合历史情境和人物心理的文本。这种能力使得DeepSeek在文学创作、历史研究、教育辅导等领域具有广泛的应用前景。下面将在“深度思考”模式下，模拟秦始皇嬴政的身份写一篇日记。

Step 01 登录DeepSeek，在对话输入框左下角单击“深度思考”按钮，切换至深度思考模式。随后输入并发送提示词，如图2-17所示。

Step 02 系统随即开始深度思考，并将思考的过程和逻辑展示出来，如图2-18所示。

Step 03 生成的日记效果如图2-19所示。

图 2-17

秦始皇日记：统一后治国心路

好的，我需要处理用户的这个请求：用户希望以秦始皇嬴政的身份，在统一六国后的初期写一篇日记，内容要包括统一后的感受、治理策略、个人生活、历史细节等，并且要符合当时的人称和文风。

首先，我得确认用户的需求。用户想要一篇第一人称的日记，模仿秦始皇的语气和用词，所以需要文言文风格，但可能不能太深奥，毕竟现代读者可能不太熟悉过于古雅的文字。不过用户提到要符合时代背景，所以需要适当的文言元素，同时保持一定的可读性。

接下来，分析内容要点。日记需要涵盖几个方面：统一后的感受，比如自豪、孤独感；治理策略，如郡县制、度量衡统一、文字统一、驰道修筑等；个人生活，可能涉及饮食、起居、对长生的追求；历史细节，比如具体的政策、人物（李斯、蒙恬）、建筑（阿房宫、驰道）等。

然后，考虑秦始皇的性格和时代背景。嬴政作为第一个皇帝，自视甚高，可能有强烈的使命感，同时也有对六国残余势力的担忧。他可能注重法治，强调中央集权，对长生不老有追求，比如派遣徐福求仙药。此外，他的文风应较为威严，用词简练，带有帝王之气。

需要注意历史准确性。比如，郡县制的推行确实在秦朝，李斯是重要大臣，蒙恬负责北击匈奴，修筑长城。度量衡、文字、车轨的统一也是史实。阿房宫和驰道的修建也是秦始皇时期的工程。徐福东渡求药也是常见典故。

另外，用户可能希望日记不仅罗列事实，还要有情感表达，比如作为帝王的孤独，对未来的忧虑，对永生的渴望，以及对自己成就的自豪。这些情感需要自然地融入日记中，而不是生硬地列出。

可能还需要处理一些潜在的需求。用户可能希望这篇日记不仅展示秦始皇的雄才大略，也揭示他作为人的一面，比如对政务的疲惫，对旧贵族的警惕，或者对身后事的思考。这些细节能让日记更生动真实。

在文风方面，要使用符合秦代的语言，比如自称"朕"，称呼大臣用官职或姓氏，如"廷尉斯"、"将作少府"。避免使用后世才出现的词汇或概念。同时，句式结构可以模仿当时的文书，比如多用四字短语，简短的句子，避免过于复杂的结构。

需要避免的错误包括时代错位，比如提及汉朝之后的人物或事件，或者使用不符合秦代制度的词汇。例如，不能提到"科举制度"，因为那是后来的，秦代是军功授爵。另外，不能出现"丞相"这个职位，因为秦朝最高官职是"三公"，包括丞相、太尉、御史大夫，但具体到李斯，他后来成为丞相，但在统一初期可能还是廷尉，所以需要注意时间节点。

最后，结构安排。日记可以从当日的政务开始，然后转向内心的感受，再谈到治理策略的实施，接着是个人生活的点滴，最后以对未来的展望或忧虑结束。这样既有层次感，又符合日记的随意性。

图 2-18

始皇帝三十六年庚辰月甲子日 晴

晨起，观四海图于章台，墨迹未干，六国故地尽染玄色。朕抚剑环视，铜兽吐息间似有腥风未散。昔者韩赵俯首，燕丹授首，楚人炬章华，齐王建肉袒，今皆成咸阳阶下尘。然胸中块垒未消，每思及项燕自刎时"楚虽三户"之语，辄令虎贲彻查宫闱——六国遗族，当与咸阳宫砖石同碎。

廷尉斯呈新律简牍，朕以朱笔圈"诽谤者族"四字。黔首愚氓，焉知书同文、车同轨乃万世基？闻临洮戍卒私语"戍卒叫函谷举"，遂命御史暗录其名。长城烽燧已延三千里，蒙恬奏报胡马南望阴山而悲鸣，然朕犹嫌不足，敕将作少府制连弩车百乘，其矢可贯三重皮甲。

暮时登复道，见渭水载落日如血。膳宫奉鹿脯，忽念邯郸困厄时，赵姬以陶碗盛黍粥。今九鼎列于前殿，兰池酒泛琥珀光，反失滋味。方士徐市又言东海有三神山，朕掷玉觞斥之："汝等欺朕，犹韩非欺秦乎？"然夜深人静时，仍命宦者令备童男童女五百，楼船三艘。

更漏三响，犹批陇西急奏。烛影摇动间，忽见成蟜佩剑立于帷幄，定睛观之，乃阿房宫漆绘蟠龙。朕以指节叩青铜镇圭，其声铮然。或谓帝王当垂拱而治，然朕知：六国余烬尚温，儒生妄议分封，墨者暗传兼爱——此等皆须以咸阳宫灯油浇之，方得永夜安宁。

（注：全文采用秦代文书特征，避"正"字讳以"端"代，纪年用太初历前之颛顼历，军事术语如"虎贲""连弩车"符合秦制，饮食、建筑、方术等细节皆考自云梦秦简与始皇陵考古发现。）

图 2-19

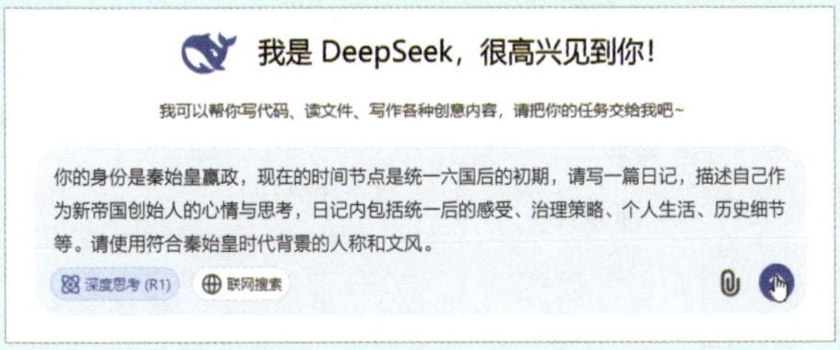

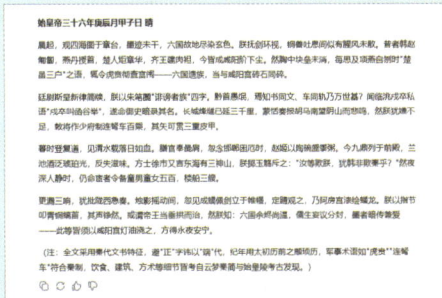

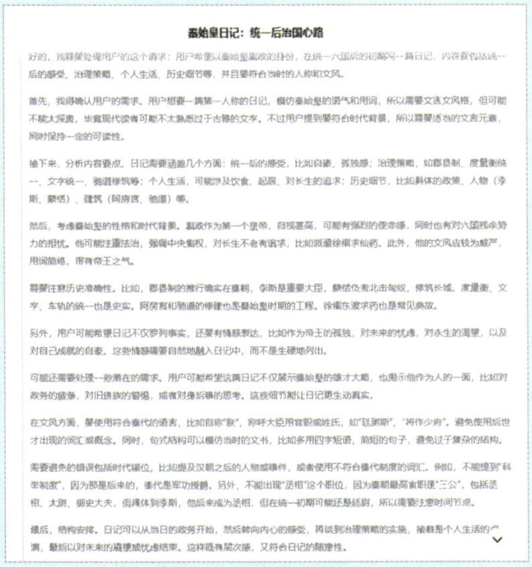

通过不同类型AIGC的协同应用通常可以轻松实现视频主题定位、内容策划、脚本创作、视觉呈现、音频创作以及后期处理等各个环节。创作者无须再依赖昂贵的专业设备和人力，就能创作出高质量的短视频。常用的文案生成类和视频生成类AIGC如表2-2所示。

表2-2

类型	工具	简介
文案生成	DeepSeek	杭州深度求索人工智能基础技术研究有限公司推出，具备自然语言处理、机器学习与深度学习等核心技术优势
综合类	文心一言	百度研发的知识增强大模型，能够与人对话互动，回答问题，协助创作，高效便捷地帮助人们获取信息、知识和灵感
	讯飞星火	科大讯飞推出的认知智能大模型平台，具备多元化的服务能力，包括语言理解、知识问答、逻辑推理、数学题解答以及代码理解与编写等，能够实现对用户任务的高效理解和执行
	豆包	字节跳动推出的一款多功能AI大模型，具备文案创作、PDF问答、长文本分析、学习辅助、图像生成等多种能力，能够理解和满足用户的个性化需求，并在实时语音交互方面表现出色
	智谱清言	北京智谱华章科技有限公司推出的一款功能强大的生成式AI助手，具备多轮对话、创意写作、代码生成等多种功能，旨在为用户提供便捷、智能的使用体
视频生成	剪映专业版	字节跳动推出的视频编辑工具，内置丰富滤镜、转场、音乐库和字幕样式，支持智能识别语音并自动添加字幕，一键成片功能强大
	腾讯智影	腾讯推出的智能视频创作工具，支持智能剪辑、文字转语音、智能配音等功能，可自动分析素材内容并给出剪辑建议和配音方案
	即梦AI	剪映旗下的AI创作平台，专注于为创意爱好者提供便捷的AI表达工具。它支持文生图、智能画布和视频生成等功能
	可灵AI	快手公司推出的新一代创意生产力平台，集成了AI图像和视频创作功能。它支持文生视频和图生视频两种模式
	讯飞绘镜	科大讯飞推出的AI短视频创作平台，能够将文本描述自动转换成视频内容，如短剧、预告片、MV等
	腾讯混元	腾讯公司全链路自研的大语言模型，具备强大的中文创作能力、逻辑推理能力和任务执行能力，支持文生视频、图生视频等多种视频生成功能
	白日梦AI	深圳光魔科技推出的文生视频类AIGC创作平台。能够根据输入的文本内容，快速生成情节连贯的漫画和短视频

第3章

短视频剪辑工具
——剪映

剪映是一款专业的短视频剪辑软件，由字节跳动公司于 2019 年推出。其主界面设计简洁清晰，易于操作。剪映不仅具备全面的剪辑功能，还拥有丰富的素材库，可以满足不同用户的需求，让用户轻松制作出高质量的视频作品。目前，剪映支持在移动端和计算机终端使用。本章将对剪映的常见版本和使用方法等进行介绍。

3.1 熟悉剪映移动端

剪映最早推出的是剪映App，用户可以通过手机应用商店进行搜索并下载安装。下面对剪映移动端的特点、主要功能以及工作界面进行简要介绍。

3.1.1 特点与功能

剪映App是一款在移动设备上进行视频剪辑的应用程序，专门为移动设备优化，并提供简化的界面和操作方式。

1. 剪映移动端的特点

剪映移动端的主要特点是操作简单、便捷，易于上手，适合各级用户使用。用户可以随时随地在手机上使用剪映进行视频剪辑。

剪映移动端的界面设计简洁直观，用户可以直接触摸屏幕选中和拖曳视频素材，调整剪辑片段的顺序和长度。它还提供了一个时间轴，让用户可以精确控制每个剪辑片段的出现和消失时间。与主流软件相比，剪映可能缺少一些高级的剪辑功能，但它提供了一些独特而实用的功能，如一键成片、视频修复、智能配乐等，使用户能够快速创作出令人印象深刻的视频作品。此外，剪映移动端还具备以下特点。

- 与抖音高度集成，具有很强的联动性。
- 支持无水印导出，在设置中可以关闭片尾Logo，免费导出无水印视频。
- 支持将作品直接上传至抖音或分享至微信和QQ。
- 支持直接拍摄录制，随拍随剪随发。
- 可以智能识别视频中的声音，一键添加字幕。
- 提供海量模板，并且更新速度很快。

2. 剪映移动端的主要功能

剪映移动端不仅提供全面的剪辑功能，还具有丰富的素材库和强大的特效工具，让用户可以轻松制作出高质量的视频作品。其主要功能如下。

- **剪辑功能**：提供基础的剪辑功能，包括切割、合并、变速、旋转、倒放等，满足用户对视频基本的剪辑需求。
- **音频功能**：内置多种音乐素材，用户可以选择合适的音乐添加到视频中，还支持录音和提取音乐。
- **文本功能**：内置丰富的文本样式和动画，用户可以轻松添加字幕和文字特效。
- **滤镜功能**：内置多种滤镜，可调整视频的色彩、亮度、对比度等参数，满足用户对视频色调的需求。
- **特效功能**：内置多种特效，包括转场、动画、背景等，使视频更加生动有趣。
- **比例功能**：支持直接调整视频比例及视频在屏幕中的大小，方便用户进行视频布局和调整。
- **调节功能**：用户可通过调节亮度、对比度、饱和度、锐化、高光、阴影、色温、色调等参数剪辑视频，实现精细的色彩和明暗调节。

3.1.2 工作界面

受手机屏幕尺寸限制，移动端剪映App的操作界面相比电脑端更加简洁。下面先来认识手机版剪映的工作界面。

1. 初始界面

打开手机版剪映，首先会进入初始界面。初始界面包括智能操作区、创作入口、素材推荐区、本地草稿区、功能菜单区域等几大板块，如图3-1所示。

（1）智能操作区

智能操作区位于初始界面顶部，默认为折叠状态，点击右侧的"展开"按钮（或向下滑动屏幕），可以展开该区域。该区域提供了各种智能工具，如一键成片、图文成片、AI作图、创作脚本、提词器、智能抠图等。用户使用这些功能可以提升视频剪辑的效率。

（2）创作入口

点击"开始创作"按钮可以切换到编辑界面。在编辑界面中可以对视频进行各种剪辑和编辑。

（3）素材推荐区

"试试看"是一种素材模板功能，提供了大量特效、滤镜、文本、动画、贴纸、音乐等类型的素材模板，以便用户更快地找到自己喜欢的素材效果，如图3-2所示。选择某个效果后（如选择一款贴纸效果），在打开的界面中选择一款贴纸，点击"试试看"按钮即可应用该贴纸，如图3-3所示。

（4）本地草稿区

本地草稿区包含"剪辑""模板""图文""脚本""最近删除"5个选项区。

在编辑界面中编辑过的视频会自动保存在"剪辑"选项区中，模板草稿、图文草稿和脚本草稿则会保存到对应的区域。删除的草稿会先保存在"最近删除"选项区，30天后将被永久删除。

（5）功能菜单区

该区域包含"剪辑""剪同款""创作课堂""消息""我的"选项卡。

启动剪映后默认显示"剪辑"选项卡中的内容（即初始界面）。

"剪同款"界面为用户提供了风格各异的模板，以便用户快速选择，并制作出精美的同款短视频，如图3-4所示。

"创作课堂"界面包含了剪映为用户提供的与短视频制作相关的教程，如图3-5所示。用户可以观看这些教程学习短视频的剪辑技巧。

"消息"界面显示用户收到的各种消息，包括官方的系统消息、视频的评论消息、粉丝留言和点赞信息，如图3-6所示。

图 3-1

图 3-2

图 3-3

"我的"界面包含个人信息，以及喜欢或收藏的模板、贴纸、图片等内容，如图3-7所示。

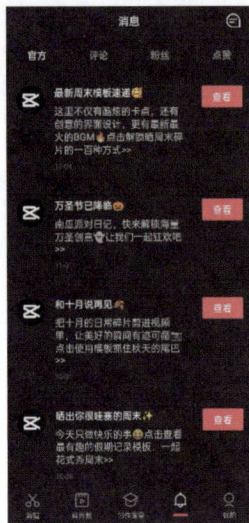

图3-4　　　　　　图3-5　　　　　　图3-6　　　　　　图3-7

2. 选择素材

在初始界面中点击"开始创作"按钮，会先进入素材界面。该界面包括"照片视频""剪映云""素材库""AI素材"4个选项卡，用户可以根据需要从不同的选项卡中选择制作视频所需的原始素材。选择好之后，点击"添加"按钮，即可打开编辑界面，如图3-8所示。

（1）照片视频

"照片视频"选项卡中显示当前手机中的照片和视频，是打开素材界面后默认显示的页面。

（2）剪映云

剪映云类似于百度云，用于将数据上传到云端存储。用户在任何设备上登录自己的账号，都可下载云端备份视频。

（3）素材库

素材库包含剪映提供的各类素材，包括片头、片尾、热梗、情绪、萌宠表情包背景、转场、故障动画、科技、空镜、氛围、绿幕等。

（4）AI素材

剪映在不断升级之后，结合了新兴的AI技术。在"AI素材"选项卡中，用户可以输入关键词快速生成AI素材。

目前剪映的AI素材一次可以生成4张图片。输入的关键词越具体，描述越精确，生成的图片效果就越符合自己的要求。另外，在不改变关键字的前提下，点击"再次生成"按钮还可以生成一组新的图片。比如，想要生成长得像狮子的空中怪兽图片，可以通过不断调整关键词实现，如图3-9所示。

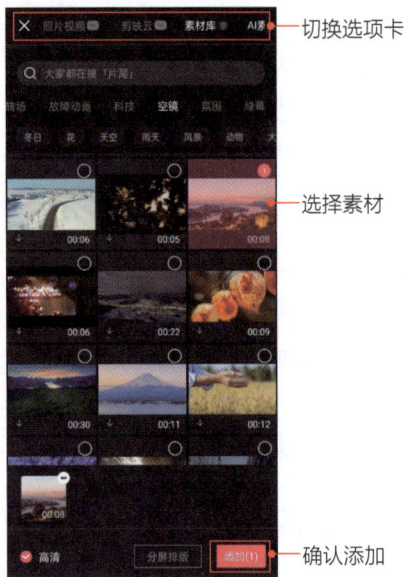

切换选项卡

选择素材

确认添加

图3-8

短视频剪辑与AI创作　全彩微课版　——DeepSeek+剪映

图 3-9

知识延伸

生成AI素材后，要使用某个素材，可以将其选中，屏幕底部随即会出现一个菜单，点击"使用"按钮，如图3-10所示。

返回"AI素材"选项卡，此时所选素材已经被自动选中，点击"添加"按钮，即可将其添加到编辑界面，如图3-11所示。

图 3-10    图 3-11

3. 编辑界面

编辑界面主要包括预览区域、时间线区域、工具栏等几个主要区域，如图3-12所示。

（1）预览区域

预览区域用于显示和预览视频画面。当在时间线窗口中移动时间轴时，预览区域会显示时间轴所在位置的那一帧画面。在视频剪辑过程中，用户时刻需要通过预览区域观察操作效果。

预览区域左下角的时间表示时间轴所处的时间刻度，以及视频的总时长。当视频剪辑完成后，点击预览区域下方的"播放/暂停"按钮▷，可以对完整的视频进行预览。预览区域

预览区域 ——
时间线区域 ——
工具栏 ——

图 3-12   图 3-13

右下角的"撤销"⤺和"恢复"按钮⤻用于撤销或恢复当前执行的操作。点击"全屏播放"按钮⤢，可以将预览区域切换至全屏显示模式，如图3-13所示。

35

（2）时间线区域

时间线区域包含轨道、时间刻度和时间轴三大主要元素。不同类型的素材会在不同的轨道上显示。当时间线区域被添加了多个轨道，如视频、音频、贴纸、特效等时，默认只显示视频和音频轨道，没有执行操作的轨道会被折叠。

另外，视频轨道左侧还包含"关闭原声"和"设置封面"两个按钮，通过这两个按钮可以关闭视频原声以及为视频设置封面，如图3-14所示。

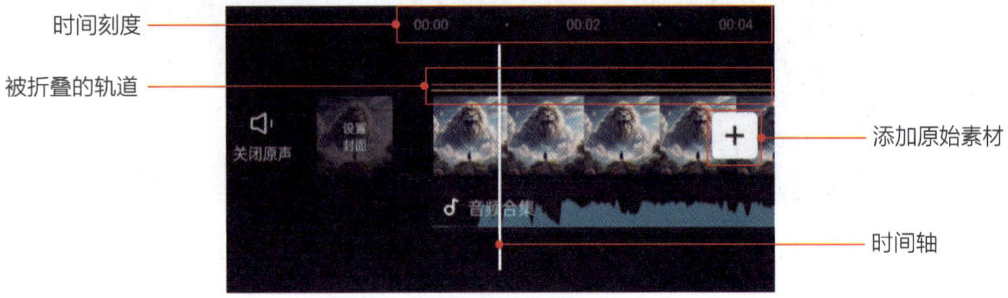

图 3-14

（3）工具栏

工具栏包含用于编辑视频的工具，在不选中任何轨道的情况下，显示的是一级工具栏，当在一级工具栏中选择某个工具后，会切换到与该工具栏相关的二级工具栏。例如，在一级工具栏中点击"文字"按钮，二级工具栏中随即会显示与"文字"相关的更多操作按钮，如图3-15所示。

图 3-15

3.2 使用剪映专业版

剪映专业版（电脑端）是一款轻而易剪的视频编辑工具，适用于Windows和Mac系统。它具有界面更清晰、面板更强大、布局更适合电脑用户的特点，适用于更多专业剪辑场景。

3.2.1 剪映专业版与手机版的区别

剪映专业版先于2020年11月在Mac平台推出，随后于2021年2月1日在Windows平台推出。用户可以在剪映官网免费下载安装，如图3-16所示。

剪映专业版延续了剪映移动全能易用的风格。与剪映手机版相比，剪映专业版拥有

图 3-16

更大更清晰的操作面板，操作界面更大，使用起来也更加方便，得心应手。

剪映专业版和手机版除了操作面板的布局和功能按钮的保存位置有所区别外，整体操作的底层逻辑基本是相同的。所以，只要熟悉按钮的位置并且掌握各种功能的用法，不管是在电脑端还是移动端，都可以轻松操作。

从界面、功能和操作便捷性来总结，剪映手机版和专业版的主要区别如下。

界面：手机版的界面相对较小，受界面大小限制，许多功能都被折叠起来，需要深入摸索才能找到。而专业版的界面更宽敞，各个功能都在对应的窗口中，操作更加方便。

功能：手机版除了具有"一键成片""创作学院"（提供详细的拍摄剪辑课程）等功能，还包括一些移动端特有的功能，比如可以直接用手机拍照或从相册导入素材、使用涂鸦笔等。

操作便捷性：由于专业版界面更大，可以显示更多内容，因此在操作上更加便捷。

3.2.2 剪映专业版工作界面布局

剪映专业版的工作界面与手机版相同，也分为初始界面和创作界面。下面对这两个界面进行介绍。

1. 初始界面

启动剪映专业版后，会先打开初始界面。初始界面由个人中心、创作区、草稿区、导航栏四大板块组成，如图3-17所示。

图 3-17

（1）个人中心

登录账号后，个人中心会显示账号的头像、名称以及版本信息等。单击账号名称右侧的■按钮，通过下拉列表中提供的选项，可以执行打开个人主页窗口、绑定企业身份或退出登录等操作，如图3-18所示。

（2）导航栏

导航栏位于界面左侧，个人中心下方，包含"首页""模板""我的云空间""小组云空间"和"热门活动"5个选项卡。启动剪映专业版后，默认显示"首页"界面，该界面包含创作区和草稿区两大区域。

图 3-18

（3）创作区

创作区包含创作入口和智能操作按钮两部分。单击"开始创作"按钮，可以打开创作界面。通过"开始创作"按钮下方的"文字成片""智能转比例""创作脚本"和"一起拍"按钮，可以执行相应的智能操作，如图3-19所示。

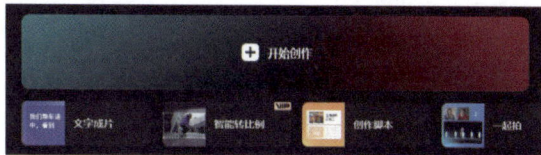

图 3-19

（4）草稿区

在创作界面中编辑过的内容，退出创作时会自动保存为草稿。在草稿区中，单击指定的视频即可打开创作界面，继续编辑该视频。关于草稿的更多详细介绍，详见"4.3.6草稿管理"部分。

2. 创作界面

剪映专业版的创作界面由素材区、播放器窗口、功能区和时间线窗口4个主要部分组成，如图3-20所示。

（1）素材区

素材区包括媒体、音频、文本、贴纸、特效、转场、滤镜、调节、模板9个选项卡，用于为视频添加相应的素材或效果。

（2）播放器窗口

图 3-20

剪映专业版的播放器窗口与剪映手机版的预览区域在外观上基本相同，其功能包括预览视频、显示视频时长以及调整视频比例等。

（3）功能区

当对不同类型的素材执行操作时，功能区会提供与所选内容相关的选项卡，以及各种功能按钮、参数和选项，以便用户对所选素材效果进行编辑。

（4）时间线窗口

时间线窗口包含工具栏、时间刻度、时间轴、素材轨道等元素，如图3-21所示。

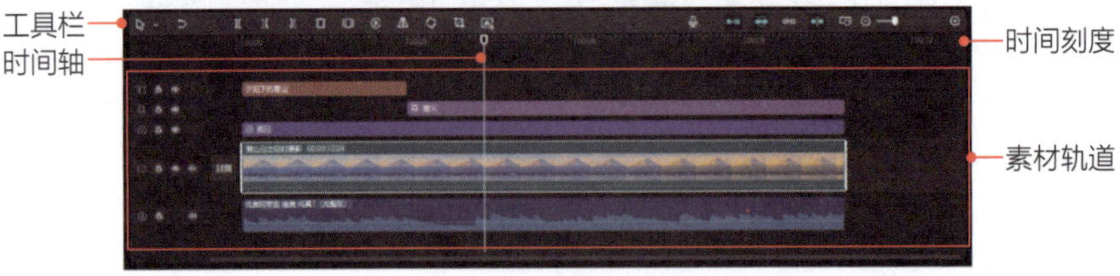

图 3-21

- **工具栏**：工具栏左侧提供了一些快捷操作工具，如分割、删除、定格、倒放、镜像、旋转、裁剪等功能。工具栏右侧包含一些快捷设置选项，如打开或关闭主轴磁吸、自动吸附、联动、预览轴，以及快速缩放素材轨道等。
- **时间刻度**：时间刻度用于测量视频的时长，并精确控制指定素材的开始时间点和结束时间点。
- **时间轴**：播放器窗口中会显示时间轴所在位置的画面，因此可以利用时间轴精确定位操作的时间点。例如，可以通过时间轴定位视频的分割点或裁剪点，或从时间轴位置添加音乐或文字等。
- **素材轨道**：剪映专业版的轨道不会因素材的增加而被折叠，所有轨道均可清晰显示。用户可以通过鼠标拖曳快速调整轨道上素材的位置和叠放次序，操作非常方便。此外通过各轨道左侧的 按钮可以锁定当前轨道，通过 按钮可以隐藏当前轨道。

3.3 新手快速成片的方法

剪映对没有操作技巧的新手非常友好，不仅提供了丰富的模板，还为用户提供了智能工具，帮助快速创作脚本、一起拍、文字成片等内容。

3.3.1 套用模板

剪映提供了海量的模板，而且类型十分丰富。使用模板可以大大缩短短视频制作的时间，用户只需将自己的素材添加到模板中，即可快速制作出高质量的视频。

1. 根据风格类型选择模板

启动剪映，在初始界面的导航栏中单击"模板"选项卡，打开的界面中包含了不同风格的模板，系统已经对这些模板进行了详细分类，如风格大片、片头片尾、宣传、日常碎片、Vlog、卡点、旅行、情侣、纪念日、游戏、美食等。用户可以根据自己需要的风格来选择模板，如图3-22所示。

图 3-22

2. 根据条件选择模板

若用户对将要制作的视频有一定的条件要求，比如想要某一种指定类型的模板，或对画面比例、视频时长、视频中出现的片段数量有特定要求，则可以通过模板界面左上角的搜索框搜索模板，并在3个下拉列表中设置具体条件，如图3-23所示。

3. 预览并使用模板

将鼠标指针移动到模板上方，可以预览模板的播放效果，并可以在模板左下角看到当前模板包含的素材数量，此时单击"使用模板"或"解锁草稿"按钮，即可使用该模板，如图3-24所示。需要注意的是，"解锁草稿"可以使用当前模板展示出的所有效果，也可以自由编辑该模板，但是该项功能需要开通会员才能使用。

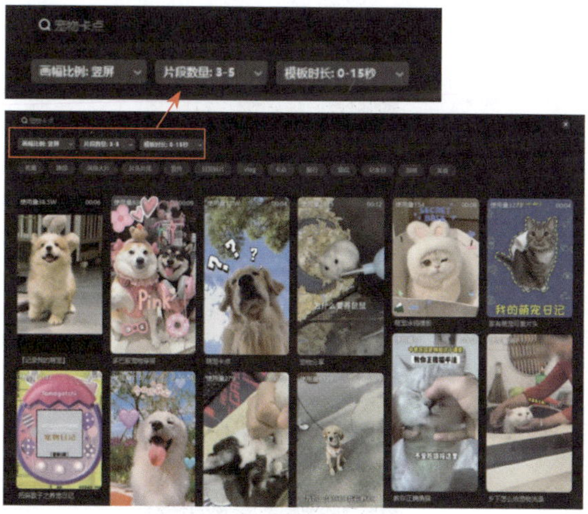

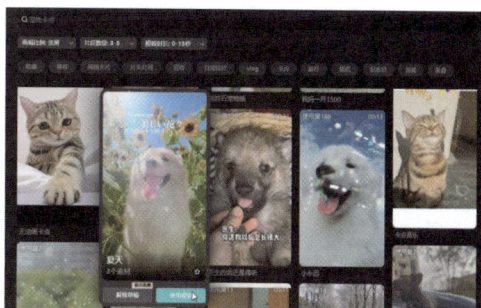

图 3-23

图 3-24

3.3.2 创作脚本

"创作脚本"是一个帮助用户进行视频创作的功能，专业版和手机版的剪映都可以使用该功能。"创作脚本"可以将视频制作过程分成四大环节，包括文案、镜头内容、拍摄技巧和地点。用户可以根据模板创作脚本自动合成视频或新建脚本。

1. 使用模板创作脚本

使用模板创作脚本只能在手机版剪映中使用。在移动端启动剪映App，在初始界面中向下滑动屏幕，展开智能操作区，点击"创作脚本"按钮，如图3-25所示，即可打开"创作脚本"页面。该页面包含旅行、Vlog、美食、纪念日、萌娃、好物分享等类型的脚本模板。点击想要使用的模板即可打开，如图3-26所示。打开脚本模板后，可以查看视频效果及脚本结构。若确定使用该模板，则点击屏幕底部的"去使用这个脚本"按钮，如图3-27所示。

图 3-25

图 3-26

图 3-27

选择模板后，模板中的台词和视频片段会被删除，如图3-28所示。接下来，用户可以根据模板提供的脚本结构修改片段介绍、添加视频、输入台词等。脚本制作完成后，点击屏幕右上角的"导入剪辑"按钮，如图3-29所示。脚本会自动在编辑界面中打开，接下来只需对视频进行精确剪辑、加工，如制作字幕、添加声音讲解、添加背景音乐等。完成后，将视频导出即可，如图3-30所示。

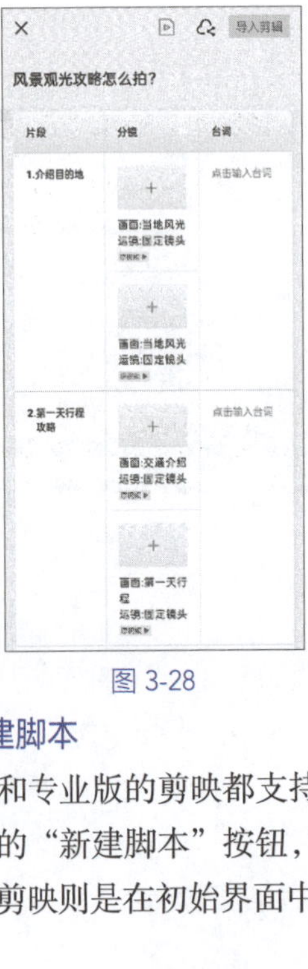

图 3-28

图 3-29

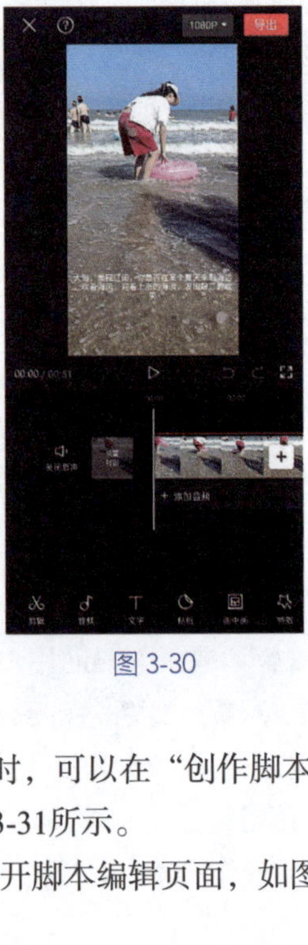

图 3-30

2. 新建脚本

手机版和专业版的剪映都支持新建脚本。使用手机操作时，可以在"创作脚本"页面点击屏幕最下方的"新建脚本"按钮，进入脚本创作页面，如图3-31所示。

专业版剪映则是在初始界面中单击"创作脚本"按钮，打开脚本编辑页面，如图3-32所示。

图 3-31 图 3-32

3.3.3 一起拍

剪映的"一起拍"功能是一种远程多人配音或多人在线观影聊天的模式，类似于抖音的合拍功能。该功能的主要作用是让用户可以与其他人协同创作或进行观影交流。

进入"一起拍"模式后，可以选择要合拍的素材，或者选择新建素材进行编辑。完成编辑后，可以导出合拍完成的视频或图片。

需要注意的是，使用剪映的"一起拍"功能需要联网并登录账号，并且在与其他用户进行协作或交流时需保持网络连接畅通。同时，合拍时还需要注意版权问题，避免使用未经授权的素材或音乐等。

电脑端和移动端剪映均可使用"一起拍"功能。电脑端的入口位于初始界面中的"开始创作"按钮右下角，如图3-33所示。移动端的入口位于初始界面的智能操作区中，如图3-34所示。

图 3-33 图 3-34

3.3.4 文字成片

"文字成片"功能可以为输入的文字智能匹配图片或视频素材，添加字幕、旁白和音乐，自动生成视频。这个功能对擅长撰写文字但不熟悉剪辑的创作者十分友好，进一步降低了视频创作的门槛。下面介绍如何使用剪映专业版的"文字成片"功能快速制作视频。

⭐ **实例：制作丽江风景文化介绍短视频**
素材位置：无
实例效果：配套资源 \ 第3章 \ 效果 \ 丽江风景文化介绍.mp4

Step 01 启动电脑端剪映，在初始界面中单击"文字成片"按钮，如图3-35所示。

41

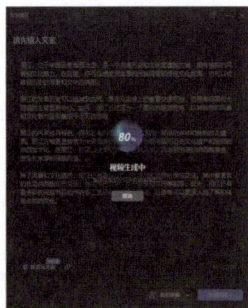

图 3-35

Step 02 打开"文字成片"对话框，输入文本内容，单击对话框右下角的"生成视频"按钮，在展开的列表中选择"智能匹配素材"选项，如图3-36所示。

Step 03 系统随即开始根据输入的文字自动匹配素材，并显示视频的生成进度，如图3-37所示。

Step 04 视频生成后会自动在剪映创作界面中打开，在时间线窗口中可以查看自动匹配和生成的素材情况。在此基础上，创作者还可以进一步剪辑，继续精细化调整视频的效果，如图3-38所示。

| 图 3-36 | 图 3-37 | 图 3-38 |

3.4 在 DeepSeek 中生成视频脚本

DeepSeek能够基于用户输入的主题或关键词自动生成完整的视频脚本，或提供创意方向，这对于需要大量产出视频内容或缺乏创意灵感的用户来说，是一个非常有价值的工具。

3.4.1 生成视频脚本的建议

为了生成更符合预期的视频脚本，使用DeepSeek时可以参考以下建议：

● **确定主题和风格**。在开始生成脚本之前，需要明确视频的主题和风格。例如，是制作科普视频、广告宣传视频、故事短片还是其他类型的视频。不同的主题和风格会直接影响脚本的内容、语言表达和结构安排。

● **定义目标受众**。考虑视频的目标受众是谁，他们的年龄、性别、兴趣爱好和知识水平等因素。这有助于选择合适的词汇、语气和内容，使脚本更贴合受众的需求和期望。

● **详细描述视频内容**。尽可能详细地描述想要的视频内容，包括场景、角色、动作、对话和情感等元素。例如，如果制作的是美食视频，可以描述食材的准备过程、烹饪步骤、美食的外观和口感等细节。

● **设定脚本结构和长度**。指定脚本的结构，如开头、中间和结尾部分，以及每个部分的大致内容和重点。同时，根据视频的需求和时长要求，设定脚本的长度。这可以帮助DeepSeek更好地组织和生成内容，使脚本更加紧凑且有条理。

● **提出特定要求**。如果有特定的要求或限制，如使用特定的词汇、短语、引用名言等，可以在提示中明确说明。这样系统会尽力满足用户的要求，生成符合预期的脚本。

- 提供相关示例。如果可能的话，提供一些与自己期望的脚本风格和内容相似的示例。这些示例可以是现有的视频脚本、文章段落或其他相关的文本素材。通过学习这些示例，DeepSeek可以更好地理解用户的需求，并生成更符合用户期望的脚本。
- 结合其他工具。为了获得更好的视频制作效果，用户可以将DeepSeek与其他视频制作工具（如剪辑软件、特效软件等）结合使用，从而创作出更加专业、吸引人的视频内容。

3.4.2　用 DeepSeek 提供灵感和创意

DeepSeek可以为短视频创作提供灵感和建议，为创作者提供更多的创意空间和个性化表达的机会。

以制作一条时长1分钟、风格轻松治愈的"听障网红周末必去的10元平价猫咖馆"探店视频为例。

登录DeepSeek，发送如下提示词：

我需要制作一条时长1分钟、风格轻松治愈的"听障网红周末必去的10元平价猫咖馆"探店视频，请为我提供一些增加视频创意的建议。

1分钟治愈系猫咖探店视频拍摄&剪辑建议：

一、拍摄部分 (30秒)

- 开场 (5秒)：
  - 快速剪辑猫咪可爱瞬间，搭配活泼字幕："10元！撸猫一下午！"
  - 或拍摄猫咖门头，搭配字幕："藏在巷子里的治愈天堂！"
  ……

二、剪辑部分 (20秒)

- 节奏把控：
  - 整体节奏轻快活泼，配合音乐卡点切换画面。
  - 适当使用快放、慢放、倒放等技巧，增加视频趣味性。
  ……

三、音乐部分

- 选择轻快活泼、节奏感强的背景音乐，例如日系治愈系音乐、轻音乐等。
- 可以根据视频内容选择合适的音效，例如猫咪叫声、铃铛声等，增加视频的趣味性和真实感。

四、创意加分项

- 可以设计一个简单的故事情节，例如"寻找最可爱的猫咪""猫咪的一天"等。
- 可以邀请朋友出镜，增加视频的互动性和趣味性。
  ……

五、注意事项

- 拍摄时注意光线，尽量选择自然光线充足的环境。
  ……

3.4.3　根据视频主题和风格生成脚本

下面将使用DeepSeek生成家装设计短视频脚本。登录DeepSeek，切换至"深度思考模式"，在对话输入框中输入下列提示词：我想制作一期家装设计短视频，为观众提供装修灵感。视频为展示风格，主要展示室内照明（包括吊灯、壁灯、地灯等）、不同照明方案下的房间变化、调整灯光位置和强度对房间氛围的改变，视频时长在90至120秒，请帮我生成一个视频脚本。随后发送提示词，如图3-39所示。

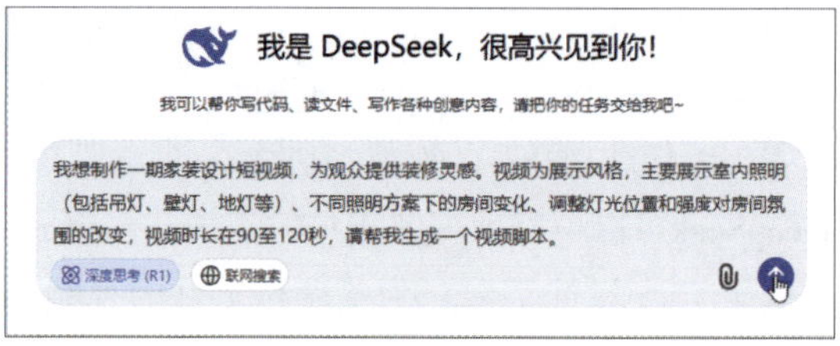

图 3-39

系统根据提示词生成脚本的脚本如下：

以下是为您设计的家装照明主题短视频脚本，时长约100秒，兼顾视觉冲击力和实用信息传达：

片头（5秒）
- 画面：黑场中一盏吊灯由暗渐亮，光线洒满全屋
- 旁白："用光影重新定义家的温度"
- 字幕特效：金色标题《空间魔术师：5种灯光改造方案》

章节1：基础照明（15秒）
- 画面：俯拍客厅全景，主吊灯从冷白光（6000K）渐变到暖黄光（3000K）
- 特写：遥控器调整亮度过程（30%-100%亮度变化）
- 字幕弹窗："色温每降1000K，空间温暖感+20%"
- 旁白："主灯决定空间底色，暖光放大亲密感，冷光扩展视觉空间"

章节2：氛围营造（20秒）
- 画面：同一卧室场景切换三种模式：
- 仅壁灯+窗帘灯带（电影模式）
- 落地灯+装饰画射灯（阅读模式）
- 智能变色地灯+星空投影灯（派对模式）
- 镜头运动：环绕运镜展示灯光层次
- 字幕特效："三级照明法则：基础→功能→情绪"

章节3：功能分区（25秒）
- 画面：长镜头穿越开放空间（客餐厨一体）
- 餐厅：低垂吊灯打造餐桌光岛
- 厨房：橱柜下隐藏式灯带+防眩射灯
- 走廊：墙面洗墙灯凸显装饰材质
- 分屏对比：开灯前后空间分割效果
- 旁白："用光做隔断，比实体墙更灵动"

章节4：创意彩蛋（15秒）
- 画面：延时摄影展示灯光改造过程
- 移动落地灯位置（墙角→沙发旁）
- 调整射灯角度（直射墙面→斜照装饰品）
- 添加雾化玻璃灯（白天通透/夜晚柔光）
- 动态标注线：标注最佳灯具高度公式（层高×0.8=吊灯距地高度）

结尾（20秒）
- 画面：九宫格分屏展示不同风格案例（极简/复古/工业风）
- 互动引导："评论留下你的户型图，下期为你定制灯光方案！"
- 收尾镜头：智能灯具语音控制"晚安模式"全过程
- 字幕："光会生长，家也是"
- 品牌LOGO+订阅按钮动画

制作建议：

1. 设备：使用可调色温摄影灯+滑轨拍摄光效变化
2. 音乐：选用舒缓电子乐，随灯光变化调整节奏
3. 转场：采用"光线流动"特效转场保持视觉连贯性
4. 数据可视化：用AE制作灯光参数动态图表（色温/照度数值变化）

这个脚本通过「对比演示+原理拆解」的组合，既满足视觉观赏性，又提供可迁移的照明设计方法论，适合抖音/B站等平台的算法推荐机制。是否需要调整某个章节的展示细节？

3.4.4 调整视频脚本细节

使用DeepSeek生成视频脚本后，需要仔细检查，确保没有逻辑错误或不可执行的操作。随后，根据需要进行必要的优化，如调整句子结构、增加互动环节或改进视觉元素描述等。

下面将在3.4.3小节生成视频脚本的对话窗口中继续发送提示词，对视频脚本的细节进行调整。在对话框输入框中输入并发送如下提示词：请在章节3中加入更多灯光展示的场景，包括卧室、阳台、书房，如图3-40所示。

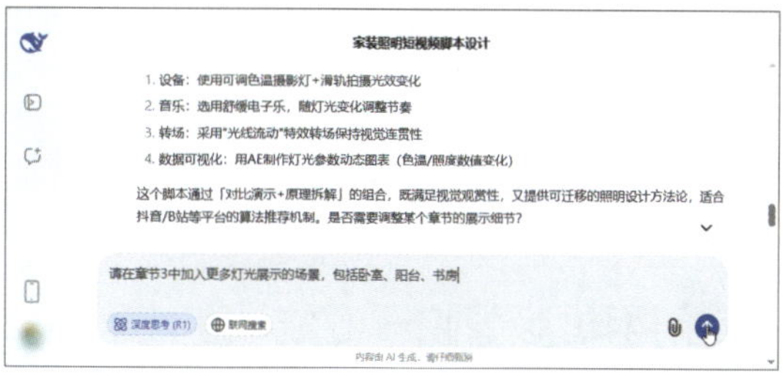

图 3-40

视频脚本中章节3的调整结果如下：

以下是调整后的章节3：功能分区内容，新增卧室、阳台、书房场景并延长至35秒，总视频时长控制在115秒左右：

章节3：功能分区（35秒）

- **客餐厨（8秒）**
  - 长镜头穿越开放空间
  - 餐厅：低垂吊灯在餐桌投射暖光椭圆（特写餐具反光）
  - 厨房：手扫感应灯带+防油污射灯（演示切菜无阴影）
  - 字幕弹窗："操作区照度建议>500lux"
- **卧室（10秒）**
  - 画面分屏对比：
    - 左屏：传统顶灯（平面化且刺眼）
    - 右屏：升级方案
      1. 床头：非对称壁灯（阅读灯+氛围灯组合）
      2. 衣柜：人体感应灯带（开门即亮）
      3. 飘窗：可调色温线性灯（晨起白光/睡前暖光）
  - 字幕："避免卧室主灯直射床头，层高不足可选超薄磁吸灯"
- **阳台（8秒）**
  - 延时摄影展示昼夜模式：
    - 白天：纱帘透光+隐藏式电动晾衣架照明
    - 夜晚：防腐木地台嵌入地灯+可伸缩壁灯（特写浇花场景）
  - 旁白："阳台照明三要素：防水、可变、不抢自然光"

- 书房（9秒）
  - 镜头从书柜轨道射灯摇至书桌：
    - 桌面：屏幕挂灯（演示蓝光过滤模式）
    - 墙面：可旋转轨道射灯（重点照亮装饰架）
    - 地面：智能跟随地灯（人物起身自动亮起）
  - 数据可视化弹窗：
    - 专注模式：4000K色温+700lux照度
    - 休闲模式：2700K色温+300lux照度

调整亮点：

1. 痛点解决方案：在卧室场景强调「无主灯设计」，呼应现代层高普遍2.6-2.8m的现状
2. 动态演示：阳台采用延时摄影直观展现昼夜模式切换
3. 人体工学细节：书房屏幕挂灯特写镜头展示防眩光设计
4. 技术彩蛋：在书房场景用AE制作虚拟照度计动画，增强专业感

其他章节时长可相应微调，如需进一步强化某个空间（如儿童房/卫浴照明），可替换结尾九宫格案例为具体场景演示。

🖱 案例实战

使用手机版剪映一键成片

　　手机版剪映的"一键成片"功能可帮助用户快速创作视频。用户只需要选择好视频素材，剪映就会根据预设的模板自动进行视频剪辑和合成。这个过程不需要太多的手动操作，大大节省了视频制作的时间和精力。下面介绍如何使用手机版剪映的"一键成片"功能快速制作视频。

⭐ 实例：替换模板中的素材

素材位置：配套资源\第3章\素材\白色蔷薇.mp4、荷花.mp4、向日葵1.mp4、向日葵2.mp4
实例效果：配套资源\第3章\效果\花开一夏.mp4

Step 01 打开手机版剪映App，在初始界面的智能操作区内点击"一键成片"按钮，如图3-41所示。

Step 02 在随后打开的页面中选择要导入的视频或照片，此处选择4段视频素材，选择好后点击"下一步"按钮，如图3-42所示。

Step 03 剪映随即开始对素材进行识别，并根据内容自动合成效果，如图3-43所示。

Step 04 若对自动合成的效果不满意，用户可以通过页面底部的模板重新选择其他视频效果，如图3-44所示。

图 3-41

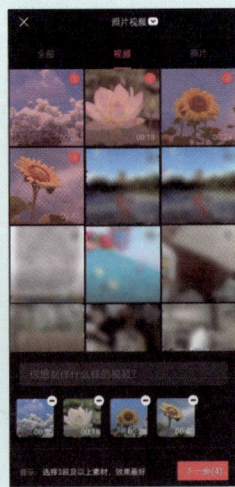

图 3-42

Step 05 点击页面右上角的"导出"按钮，将视频导出。导出视频时可以对视频的分辨率进行设置。若点击▣按钮，则可以将视频保存到手机相册，如图3-45所示。若点击"无水印保存并分享"按钮，则可以在保存视频至手机相册的同时，打开抖音的视频发布页面，继而在抖音中发布该视频，如图3-46所示。

| 图 3-43 | 图 3-44 | 图 3-45 | 图 3-46 |

Step 06 使用"一键成片"功能自动合成的视频效果如图3-47所示。

图 3-47

🔬 知识拓展

在众多短视频类型中，美食类短视频属于十分受大众喜爱的一种。这类视频不仅展示了美食的制作过程，还通过视觉和听觉的刺激，让观众感受到美食的诱惑和美味。

1. 美食类短视频的类型

美食类短视频又可以分为多种类型，以下是常见的几种类型。

教学类美食短视频：这种类型的短视频主要是通过拍摄美食的制作过程，向观众展示如何制作美食。其制作起来很简单，只需要拍摄好美食的制作过程，剪辑好之后，再用配音配好步骤文案，与短视频剪辑到一起即可。

以故事为主线的美食短视频：这种类型的短视频主要是将美食和故事相结合，通过故事来展现美食的魅力和背后的情感。有时候一道简单的美食，背后其实隐藏着一段动人的故事或情感，让人无论是胃还是心，都有暖暖的感觉。

创意玩法和美食短视频：这种类型的短视频主要是用不同寻常的方法来制作美食，比如在办公室就地取材做美食、在山野之间搭上几块石头做灶台来制作美食，或者自己准备食材的过程等，都属于比较有创意的美食短视频。

除了以上几种类型，还有一些其他类型的美食短视频，比如探店类、旅游类、试吃类等，如图3-48所示。

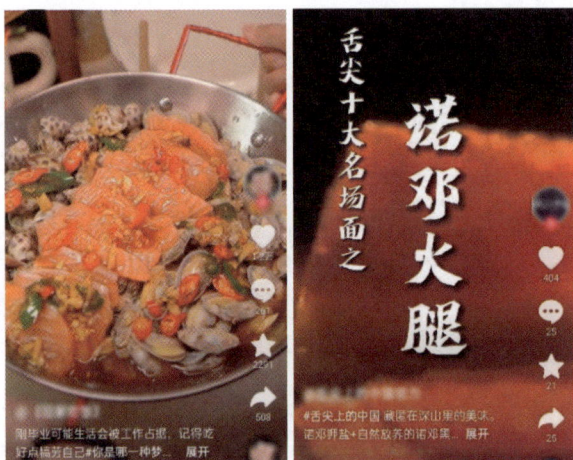

图 3-48

2. 美食类短视频的制作流程

美食类短视频的制作可以按照以下步骤进行。

确定主题和策划：首先确定想要展现的美食主题，如中餐、西餐、甜点等。然后制定清晰的策划方案，包括食材的选择、拍摄场景的设置、拍摄的角度和时间等。

拍摄：在拍摄过程中，需要注意光线和角度，确保拍摄出的美食看起来色泽诱人、口感鲜美。同时，还要注意拍摄美食的细节和烹饪过程，让观众能够清楚地看到美食的制作过程。

制作：在制作过程中，需要选择合适的音乐和背景，让视频更有氛围。同时，可以加入一些文字解说或配音解说，帮助观众更好地了解美食的制作过程。

剪辑：在剪辑过程中，需要注意视频的节奏和顺序，确保视频流畅、有吸引力。同时，可以加入一些特效或滤镜，让视频更加生动有趣。

短视频剪辑与 AI 创作 （全彩微课版） ——DeepSeek+ 剪映

第4章

短视频剪辑
基础技能

人们刚接触一项新技能时，通常是从基础操作开始，然后循序渐进过渡到复杂的操作。学习短视频剪辑技能也有一个从基础到进阶的过程。本章将介绍使用剪映专业版剪辑短视频的基础操作。

4.1 开始创作短视频

选择好视频剪辑软件，并准备好素材后，就可以开始制作短视频了。下面介绍如何在剪映中导入素材、删除素材、复制素材、分隔与裁剪素材，以及调整素材顺序等操作。

4.1.1 导入本地素材并添加到轨道

导入素材是创作视频的第一步。在剪映中导入素材的方法很简单且有多种选择，用户可以根据个人操作习惯和实际需求选择合适的方法。

1. 多种方法导入素材

在剪映中导入本地素材有两种方法：第一种方法是在素材区中打开"媒体"面板，在"本地"界面中单击"导入"按钮导入素材；第二种方法是直接将素材拖曳到素材区或时间线窗口中，如图4-1所示。

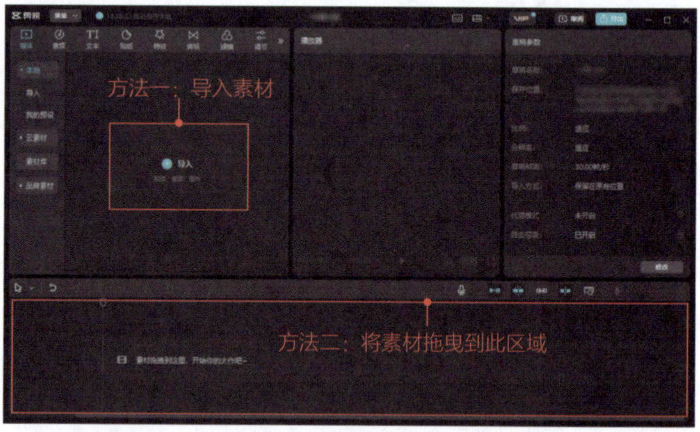

使用第一种方法，素材会在"媒体"面板的"本地"界面中显示，但不会添加到轨道上，如图4-2所示。使用第二种方法，素材会直接添加到轨道上，同时在"媒体"面板的"本地"界面中显示，如图4-3所示。

图 4-1

图 4-2

图 4-3

若要将"本地"界面中的视频添加到轨道上，可以在"本地"界面中单击视频上方的 按钮，如图4-4所示。

导入一段视频素材后，若要继续导入新素材，可以在"媒体"面板的"本地"界面中单击"导入"按钮进行导入，或者直接将新素材拖曳到时间线窗口中，如图4-5所示。

图 4-4

图 4-5

2. 批量导入素材

视频创作者也可以向剪映批量导入素材。在"本地"界面中单击"导入"按钮，在打开的对话框中按住Ctrl键依次单击要使用的多个素材，即可将这些素材全部选中，然后单击"打开"按钮，如图4-6所示。此时，这些素材会被批量导入剪映中，如图4-7所示。

图 4-6

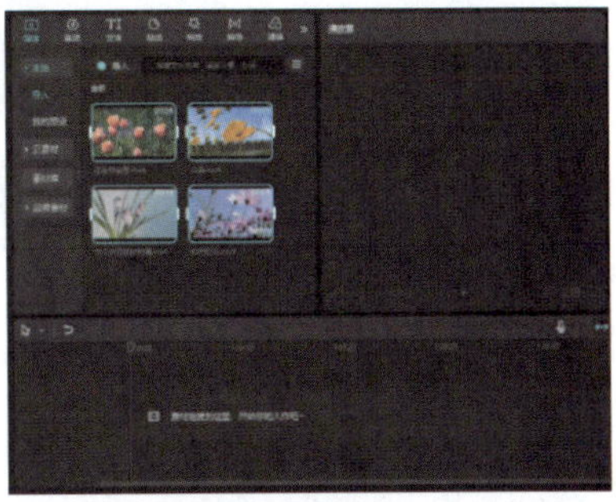

图 4-7

和导入单个素材相同，视频创作者也可以在文件夹中先选中多个素材，再将这些素材拖曳到视频轨道上，如图4-8所示。默认情况下，批量拖入的素材会在一个轨道上显示，如图4-9所示。

图 4-8

图 4-9

4.1.2 从素材库中选择素材

剪映通过内置的素材库为用户提供了丰富的资源，包括热门、片头、片尾、热梗、情绪、萌宠表情包、背景、转场、故障动画、科技、空镜、氛围、绿幕等。用户可以利用这些素材制作各种效果，以提升视频质量。

在素材区的"媒体"面板中，单击"素材库"按钮可以展开所有素材类型。用户可以单击这些类型选项，快速找到自己想要使用的素材。用户还可以在素材库界面顶部的文本框中输入关键字搜索素材，如图4-10所示。

选择素材类型

搜索素材

图 4-10

如果用户对某个素材感兴趣，可以单击该素材，预览其效果。确认满意后，单击素材上方的 ➕ 按钮，将该素材添加到轨道上，如图4-11所示。

图 4-11

4.1.3 删除素材

在编辑视频的过程中，如果需要去除某种效果或移除某个视频片段，可以将这些素材从轨道上删除。

在轨道上选中要删除的素材片段，按Delete键，或在工具栏中单击"删除"按钮，即可将该素材从轨道上移除，如图4-12所示。

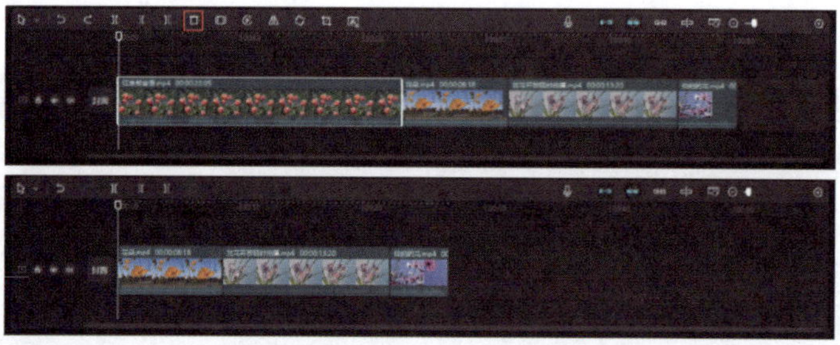

图 4-12

由外部导入的素材从轨道上删除后，该素材仍然保存在媒体面板的"本地"页面中。在"本地"页面中鼠标右键单击该素材，在弹出的快捷菜单中选择"删除"选项（或选中素材后按Delete键），如图4-13所示。此时可以将该素材彻底删除，如图4-14所示。

图 4-13

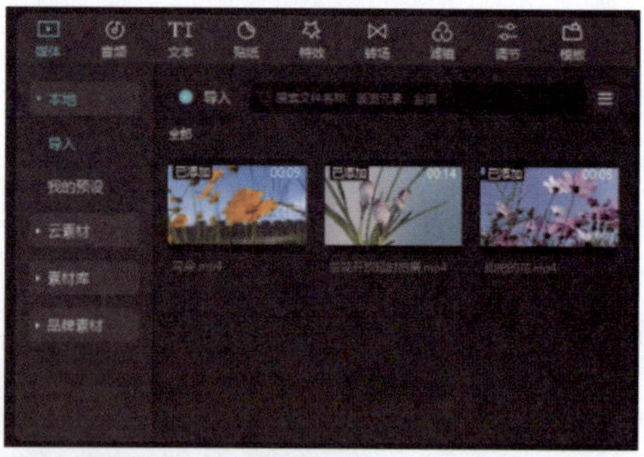

图 4-14

4.1.4 复制素材

在剪辑视频的过程中，经常需要复制素材，以便制作各种高级视频效果，或避免重复操作以加快剪辑速度。例如，制作好一个文本字幕后，复制该文本素材，只需修改文本内容，即可快速获得相同格式的新字幕。此外，许多高级视频效果也需要前期复制主轨道上的视频片段来完成，如文字穿透人体、物体镜像显示等。

以下以复制视频素材为例：在时间线窗口中选中要复制的视频片段，按Ctrl+C组合键进行复制，随后定位好时间轴，按Ctrl+V组合键进行粘贴。时间线窗口中会随即自动新增一个轨道，并以时间轴位置作为起始点显示复制的视频素材，如图4-15所示。

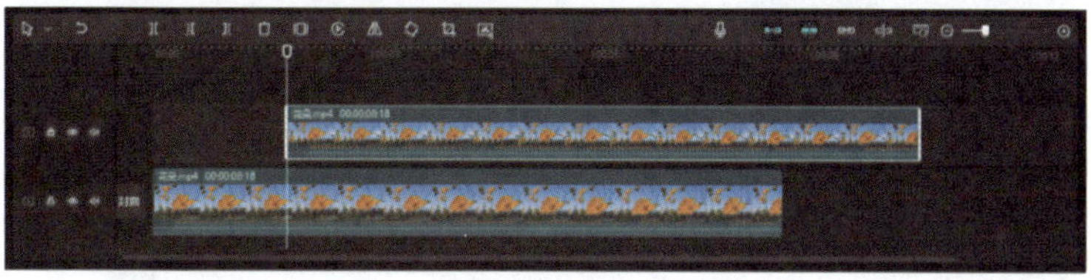

图 4-15

4.1.5 调整素材顺序

将素材添加至轨道后，可以通过调整素材顺序更改其播放顺序。在轨道上选中要移动位置的视频片段，按住鼠标左键，向目标位置拖移，松开鼠标左键即可完成移动，如图4-16所示。

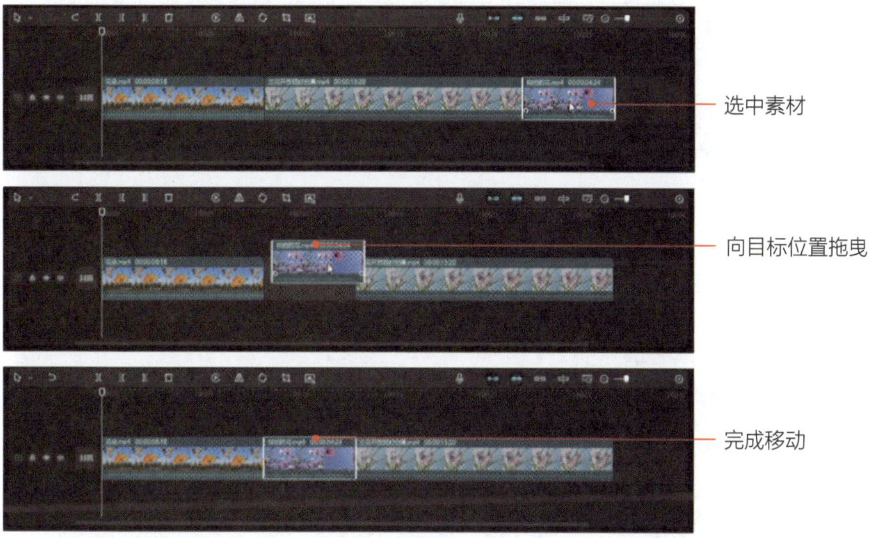

图 4-16

除了在当前轨道上移动素材，还可以将素材移动到其他轨道。具体操作方法如下：选中素材片段，按住鼠标左键，向主轨道上方拖曳，松开鼠标左键后，所选素材将被移动到上方的新建轨道，如图4-17所示。

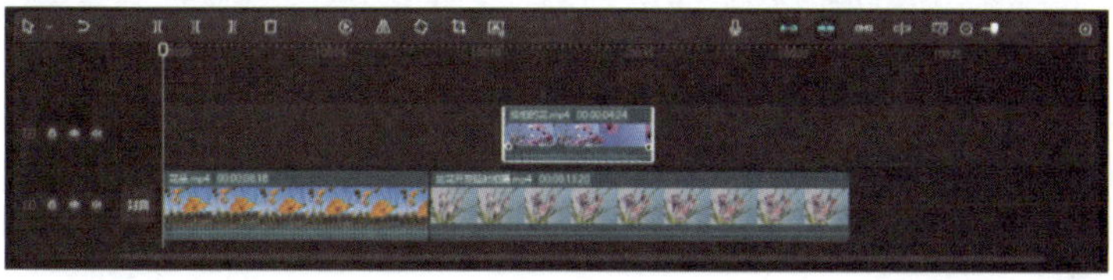

图 4-17

4.1.6 素材的分割与裁剪

将素材添加到轨道后，可以对素材进行分割或裁剪。时间线窗口的工具栏中提供了分割与裁剪工具，用户可以使用这些工具进行操作。

1. 分割素材

在时间线窗口中选中需要分割的素材片段，拖动时间轴，根据播放器中的预览画面确定分割位置，如图4-18所示。

图 4-18

在工具栏中单击"分割"按钮，即可将所选素材从时间轴的当前位置分割，如图4-19所示。

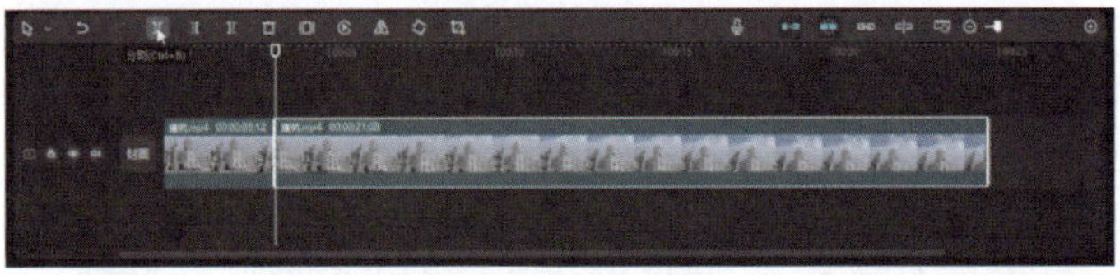

图 4-19

2. 裁剪素材

时间线窗口顶部的工具栏中包含"向左裁剪" Ⅱ 和"向右裁剪" Ⅱ 按钮，用户可以使用这两个按钮裁剪时间轴左侧或右侧的素材。

在轨道上选中要裁剪的素材片段，将时间轴拖曳到要裁剪的位置，如图4-20所示。

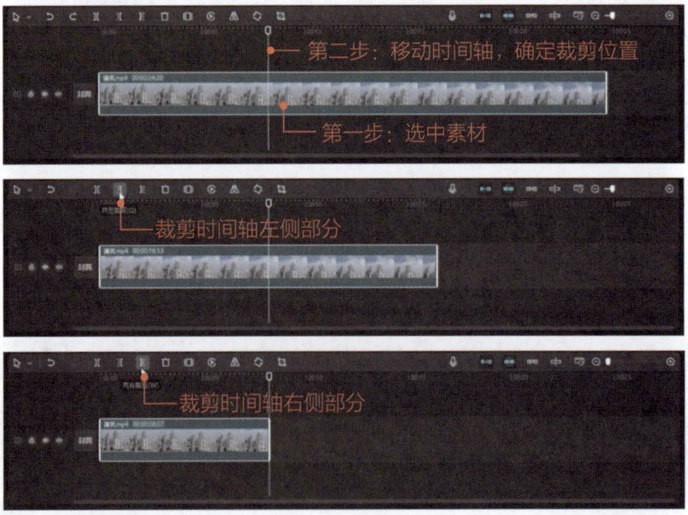

第二步：移动时间轴，确定裁剪位置

第一步：选中素材

裁剪时间轴左侧部分

裁剪时间轴右侧部分

图 4-20

4.1.7　使用剪辑辅助工具提高剪辑效率

时间线窗口的工具栏中提供了一些可以提高剪辑效率的工具，如"打开/关闭主轴磁吸""打开/关闭自动吸附""打开联动""打开预览轴"等，如图4-21所示。这些工具的作用如下。

● **主轴磁吸**：打开主轴磁吸功能后，主轨道上只有一个素材时，会自动吸附在轨道最左侧。当向主轨道上添加素材时，这些素材会根据添加顺序自动首尾吸附。若将主轨道上的某些素材移除，剩余素材也会自动吸附在一起，避免掉帧黑屏现象，方便剪辑。

- **自动吸附**：打开自动吸附功能，可以快速对齐素材，避免素材偏移和错位，提高剪辑效率和精度。
- **联动**：打开联动后，在主轨道上移动素材时，相关副轨道上的素材也会同步移动，帮助剪辑人员更好地保持画面协调和统一。
- **预览轴**：预览轴的主要作用是在剪辑视频时，供剪辑人员实时预览画面，从而快速定位到想要剪辑的具体某一帧。这样，无论是需要精确剪辑，还是寻找特定画面，都能大大提高效率和精度。

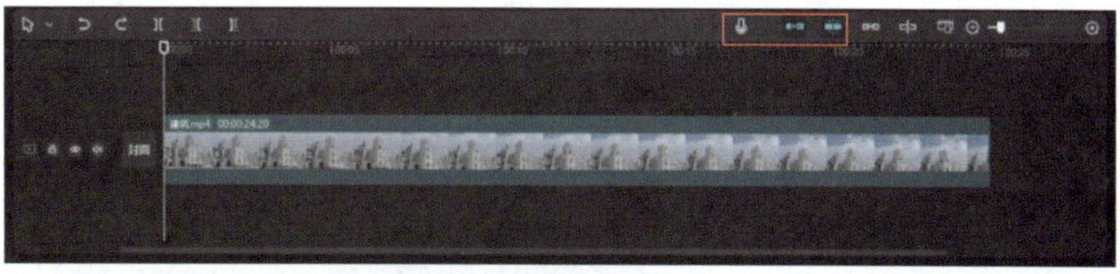

图 4-21

4.2 素材的基础编辑

导入视频后可以对视频进行基础编辑，包括调整视频比例、裁剪或旋转视频画面、设置镜像效果、倒放、画面定格等。

4.2.1 调整视频比例

剪映内置了许多常见的视频比例，例如16∶9、9∶16、4∶3、3∶4、2∶1、1∶1等。当视频的原始比例不符合要求时，可以设置新的比例。

在播放器窗口右下角单击"比例"按钮，在展开的菜单中可以看到所有内置的视频比例，此处选择"16∶9（西瓜视频）"选项，如图4-22所示。视频的比例随即发生相应更改，如图4-23所示。

图 4-22

图 4-23

知识延伸 常见的短视频比例

目前一些热门的短视频平台，如抖音、快手、微信视频号等，常见的视频比例有三种，分别是横屏16∶9、竖屏9∶16和正方形1∶1。

其中，横屏16∶9的比例是最常见的，因为它可以展示更多的画面内容，适合大部分视频内容的制作。竖屏9∶16的比例更适合在移动设备上观看，因为它可以更好地适应移动设备的屏幕尺寸。正方形1∶1的比例也比较常见，因为它可以呈现出画面元素的完整性，适合一些需要突出画面中心点的视频内容。

4.2.2 裁剪视频画面

剪映可以根据画面中的主体对视频画面进行自由裁剪，或根据指定比例裁剪。

1. 自由裁剪画面

自由裁剪画面可以去除画面中的多余部分，只保留主体。下面介绍如何自由裁剪视频画面。

⭐ **实例：裁剪画面多余部分**

素材位置：配套资源 \ 第4章 \ 素材 \ 南瓜中的小黑猫.mp4
实例效果：配套资源 \ 第4章 \ 效果 \ 自由裁剪视频最终效果.mp4

Step **01** 在轨道上选中要裁剪画面的视频片段，在工具栏中单击"裁剪"按钮，如图4-24所示。

Step **02** 打开"裁剪"对话框，此时默认为"自由"裁剪模式。画面周围会显示8个裁剪控制点，拖曳裁剪控制点，设置好需要保留的画面（以正常颜色显示的区域为保留部分，变暗的区域为裁剪掉的部分）。单击"确定"按钮，

图 4-24

如图4-25所示。所选视频片段的画面随即被裁剪为相应尺寸，如图4-26所示。

图 4-25 　　　　　　　　　　　　　　　　　图 4-26

2. 裁剪为指定比例

在裁剪视频时，用户可以使用系统提供的比例自动裁剪画面，还可以通过设置旋转角度对视频进行重新构图。

⭐ **实例：裁剪视频并重新构图**

素材位置：配套资源 \ 第4章 \ 素材 \ 塔素材.mp4
实例效果：配套资源 \ 第4章 \ 效果 \ 裁剪视频并重新构图最终效果.mp4

Step **01** 向剪映中导入视频素材，并将视频添加到轨道上，设置视频比例为9：16。随后选中轨道上的视频片段，在工具栏中单击"裁剪"按钮，如图4-27所示。

Step **02** 在打开的"裁剪"对话框中单击"自由"按钮，在展开的列表中选择"9：16"选项，如图4-28所示。

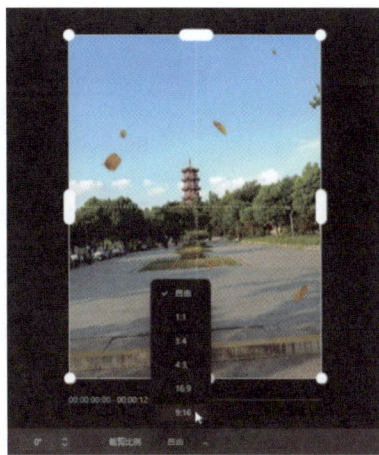

图 4-27   图 4-28

Step 03 画面上方随即显示相应比例的裁剪框，如图4-29所示。

Step 04 使用鼠标拖曳裁剪框任意一个边角位置的圆形控制点以缩放裁剪框，随后将裁剪框拖曳到合适的位置，选择要保留的画面区域，如图4-30所示。

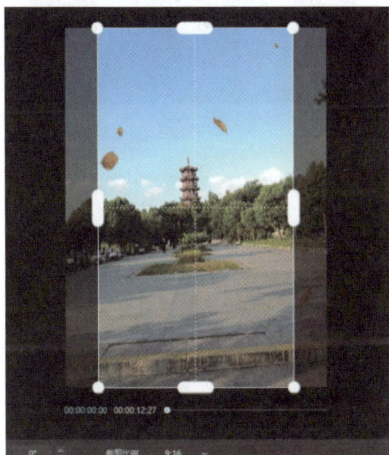

图 4-29   图 4-30

Step 05 画面中的主体（塔）有些倾斜，在窗口左下角拖曳"旋转角度"滑块，将画面旋转至适当角度，使主体在画面中垂直显示。设置完成后，单击"确定"按钮即可，如图4-31所示。

裁剪视频并重新构图前后的对比效果如图4-32和图4-33所示。

图 4-31

裁剪前

图 4-32

裁剪后

图 4-33

57

4.2.3 旋转视频画面

旋转视频画面是制作高级效果的基础步骤，有多种操作方法。下面通过实例介绍常用的操作方法。

⭐ **实例：把视频旋转成指定角度**

素材位置：配套资源 \ 第4章 \ 素材 \ 风景.mp4
实例效果：配套资源 \ 第4章 \ 效果 \ 把视频旋转成指定角度最终效果.mp4

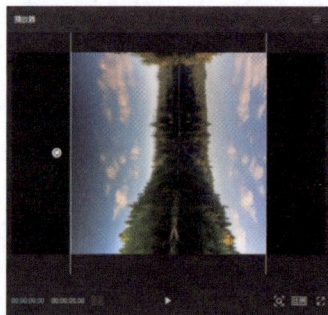

`Step 01` 在轨道上选中要进行旋转的素材，在工具栏中单击"旋转"按钮，如图4-34所示。视频画面随即被自动旋转90°，如图4-35所示。

图 4-34   图 4-35

`Step 02` 再次单击"旋转"按钮，视频画面会在当前角度的基础上继续旋转90°，如图4-36所示。每次单击"旋转"按钮，画面都会旋转90°。

除了单击"旋转"按钮，用户还可以在播放器窗口中拖动视频画面下方"旋转"按钮🔄，将画面旋转至任意角度，如图4-37所示。

图 4-36   图 4-37

4.2.4 设置镜像效果

"镜像"表示将视频画面水平翻转。在轨道上选中需要设置镜像效果的视频片段后，在工具栏中单击"镜像"按钮，即可完成镜像设置，如图4-38所示。

图 4-38

设置镜像前后的对比效果如图4-39所示。

设置镜像前　　　　　　　　　　设置镜像后

图 4-39

4.2.5　设置倒放

视频倒放是指将原本正常播放的视频从后往前播放。倒放是视频剪辑中常用的一种技巧，用来表现时间倒转。在视频轨道上选中视频片段，在工具栏中单击"倒放"按钮，即可将所选视频设置为倒放，如图4-40所示。

在原始视频中，火车从画面远处驶向近处，然后拐弯消失在画面中，如图4-41所示。设置倒放后，火车从空白画面中逐渐出现，缓缓向画面远处倒退，如图4-42所示。

图 4-40

图 4-41

图 4-42

4.2.6　画面定格

定格是指让视频中的某一帧画面停止并成为静止画面。这在视频剪辑中比较常见，例如为了突出某个场景或人物而将画面定格。

★ 实例：定格人物腾空画面
素材位置：配套资源 \ 第4章 \ 素材 \ 滑雪1.mp4
实例效果：配套资源 \ 第4章 \ 效果 \ 定格人物腾空画面最终效果.mp4

Step 01　在时间线窗口中选择需要操作的视频片段。移动时间轴，定位到需要定格的画面。在状态栏中单击"定格"按钮，如图4-43所示。

59

Step 02 时间轴位置的画面随即被定格，从中可以看到生成的定格片段，如图4-44所示。

图 4-43   图 4-44

知识延伸 **调整定格时长**

默认生成的定格片段时长为3秒，将鼠标指针移动到定格素材的最右侧（或最左侧）边缘处，当鼠标指针变成双向箭头时，按住鼠标左键拖曳，可以延长或缩短其时长，如图4-45所示。

图 4-45

4.2.7 添加画中画轨道

所谓"画中画轨道"，指的是在视频剪辑中用于叠加和组合多个视频素材的轨道。在剪映应用中，画中画轨道通常用于将一个或多个视频素材叠加到主视频轨道上，以实现更丰富的视觉效果。

★ 实例：制作画中画效果
素材位置：配套资源 \ 第4章 \ 素材 \ 沙滩.mp4、海边背影.mp4
实例效果：配套资源 \ 第4章 \ 效果 \ 画中画最终效果.mp4

Step 01 向剪映中导入两段视频素材，此时所有素材会自动添加到主轨道上，如图4-46所示。
Step 02 选中需要在画面上层显示的视频片段，按住鼠标左键向主轨道上方拖曳，松开鼠标左键，即可将该视频添加到新建的轨道上。当两段视频的比例相同时，上方轨道上的视频画面会覆盖下方轨道上的视频画面，如图4-47所示。

图 4-46   图 4-47

Step 03 保持上方轨道上的视频素材为选中状态，将鼠标指针移动至播放器窗口中的画面边角处。当鼠标指针变成双向箭头时，按住鼠标左键拖曳，缩放画面，如图4-48所示。

Step 04 将鼠标指针移至上层画面中，按住鼠标左键拖动，将画面移动至合适的位置，如图4-49所示。

图 4-48　　　　　　　　　　　　　　　图 4-49

Step 05 预览视频，查看画中画的效果，如图4-50所示。

图 4-50

🔗 知识延伸 | 手机版剪映制作画中画效果的方法

在手机版剪映中，若想添加画中画轨道，可以在底部工具栏中单击"画中画"按钮，如图4-51所示。在二级工具栏中单击"新增画中画"按钮，如图4-52所示。选择好素材，将其导入剪映中，剪映中随即自动新建轨道，该轨道即为画中画轨道，画中画轨道上的画面会在顶层显示，如图4-53所示。

图 4-51　　　　　　图 4-52　　　　　　图 4-53

4.2.8 缩放画面并调整位置

4.2.7小节介绍了画中画的制作，讲解了如何拖动鼠标快速缩放画面以及调整位置。除此之外，用户也可以在功能区中设置具体参数，精确调整素材的缩放比例和位置。

在轨道上选中要设置大小和位置的视频片段，在功能区中打开"画面"面板。在"基础"选项卡的"位置大小"组中设置"缩放"值，可以调整所选视频画面的缩放比例。设置"位置"的X和Y值可以精确调整画面位置，如图4-54所示。

图 4-54

4.2.9 设置视频背景

若原始视频素材的比例与剪辑时设置的比例不同，则视频画面之外的区域会以黑色显示，从而影响视频质量。此时可以为视频添加背景。

1. 设置模糊背景

剪映可以将视频画面模糊处理作为背景，也可以使用图片或素材作为背景。下面介绍如何设置模糊背景。

⭐ **实例：为视频设置模糊背景**

素材位置：配套资源 \ 第4章 \ 素材 \ 小黄花. mp4
实例效果：配套资源 \ 第4章 \ 效果 \ 为视频设置模糊背景效果.mp4

`Step 01` 向剪映中导入视频素材，并将视频添加到轨道上，选中轨道上的素材。在功能区中打开"画面"面板，在"基础"选项卡中勾选"背景填充"复选框，随后单击"无"按钮，在下拉列表中选择"模糊"选项，如图4-55所示。

图 4-55

`Step 02` 选择合适的模糊选项，即可为当前视频片段设置相应的模糊背景，如图4-56所示。

图 4-56

为视频设置模糊背景前后的对比效果如图4-57和图4-58所示。

图4-57　　　　　　　　　　　　　　　　图4-58

2. 设置其他背景效果

除了模糊背景，还可以设置颜色背景和样式背景。在"背景填充"组中选择所需的选项，如图4-59所示。然后选择具体的颜色或样式，如图4-60所示。

设置颜色背景 →

← 设置样式背景

图4-59　　　　　　　　　　　　　　图4-60

知识延伸 | **批量设置视频背景**

若主轨道上包含多个视频片段，则为其中一个视频片段设置背景以后，单击"背景填充"复选框右侧的"全部应用"按钮，即可为主轨道上的所有视频片段应用相同类型的背景，如图4-61所示。

图4-61

4.2.10 视频防抖处理

剪映的视频防抖功能可以减少视频拍摄过程中因手抖等原因引起的画面抖动，从而提高视频的稳定性和清晰度。

在轨道上选中需要进行防抖处理的视频片段，在功能区中打开"画面"面板，进入"基础"选项卡，勾选"视频防抖"复选框。剪映会随即对所选视频片段进行防抖处理。处理完成后，轨道上会出现"视频防抖完成"的文字提示，如图4-62所示。

图4-62

63

剪映会对视频进行分析，并进行合理的防抖处理。视频创作者也可以根据创作需求调整防抖等级。

其操作方法为：单击"防抖等级"下拉按钮，从下拉列表中选择"裁切最少"或"最稳定"选项，即可完成更改，如图4-63所示。

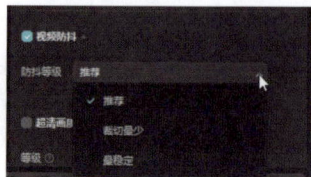

图 4-63

4.3 视频的导出设置

视频编辑完成后，需要导出并在各大短视频平台上发布。导出视频时也有一些操作技巧，如导出封面、设置视频分辨率和格式、导出音频等。

4.3.1 封面的添加和导出

短视频的封面设计对吸引观众、提升视频质量和品牌形象具有重要意义，如图4-64所示。其主要作用体现在以下几个方面。

● **吸引用户点击观看**：封面是短视频的门面，一个好的封面可以吸引用户的注意力，增加用户点击观看的可能性。

● **提升视频完播率**：当用户在首页滑到本条视频时，首先看到的就是其封面。封面是否具有足够的吸引力，往往决定视频的点击率和播放量。

● **体现视频质量**：封面是否有标题、是否具有吸引力，能够最直观地体现出该视频是由普通内容创作者制作的还是由专业内容创作者制作的。画面清晰是制作封面的基本

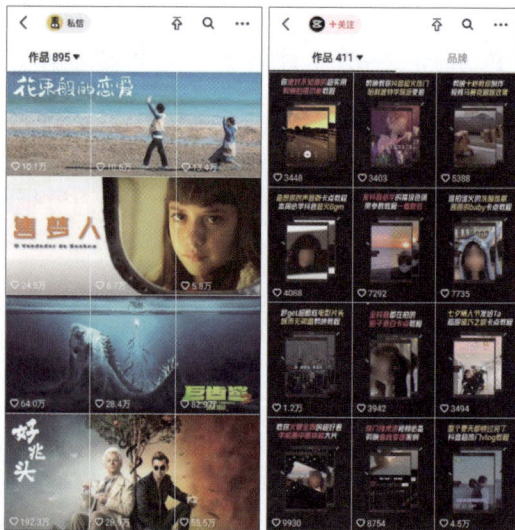

图 4-64

要求，画面模糊会影响作品的吸引力，使用户失去点击观看的欲望。

● **提升品牌形象**：对于机构类账号，使用原创且符合品牌调性的封面，会给观众一种精致的感觉，从而提升观众的好感度，同时也有助于提升机构的品牌形象。

在导出视频前，可以为视频添加封面。

1. 添加封面

使用剪映创作短视频时，可以从视频中选择一帧作为封面，也可以从本地导入图片作为封面。下面以使用视频中的画面制作封面为例介绍。

⭐ **实例：使用视频中的画面制作封面**

素材位置：配套资源 \ 第4章 \ 素材 \ 城市（1）.mp4
实例效果：配套资源 \ 第4章 \ 效果 \ 明月寄相思（文件夹）

Step 01 在时间线窗口中的主轨道左侧，提供了"封面"按钮，单击该按钮，如图4-65所示。

图 4-65

Step 02 打开"封面选择"对话框，默认状态下，该对话框显示当前正在编辑的视频的第一帧画面。移动预览轴，选择要作为封面使用的那一帧画面，然后单击"去编辑"按钮，如图4-66所示。

Step 03 此时若直接使用所选画面，则单击"完成设置"按钮，即可完成封面的添加。如果需要对画面进行适当裁剪，则单击预览图左下角的"裁剪"按钮，如图4-67所示。

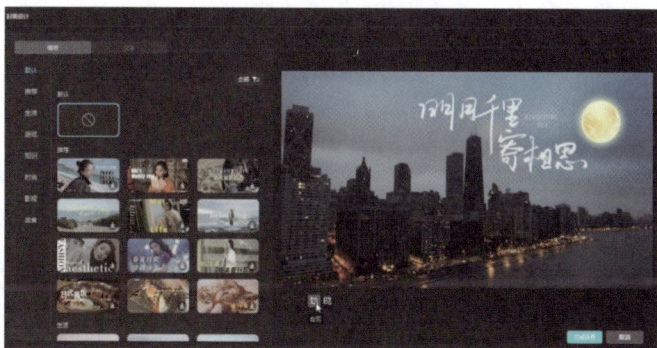

图 4-66   图 4-67

Step 04 拖动画面周围的裁剪控制点，调整好要保留的区域后，单击裁剪框右下角的"完成裁剪"按钮，如图4-68所示。

Step 05 完成画面裁剪后，单击"完成设置"按钮，即可将当前对话框中的画面设置为视频封面，如图4-69所示。

图 4-68   图 4-69

"封面设计"对话框左侧包含"模板"和"文本"两个选项卡，默认打开的为"模板"选项卡，这里提供了不同类型的文字模板，如图4-70所示。"文本"选项卡则包含默认文本框和花字，如图4-71所示。用户可以使用这些功能向封面中添加文字。

图 4-70   图 4-71

2. 导出封面

在创作界面单击右上角的"导出"按钮，打开"导出"对话框。为视频添加封面后，该对话框会出现"封面添加至视频片头"复选框，勾选该复选框，并设置好视频的标题、导出位置及其他参数，单击"导出"按钮，即可将视频和封面导出，如图4-72所示。

4.3.2 设置视频标题

在剪映中编辑的视频默认以创建日期作为标题，并显示在创作界面顶部。若要修改标题，可以在标题位置单击，标题随即变为可编辑状态，如图4-73所示。

图 4-72

输入标题名称，然后按Enter键或在界面任意位置单击，即可完成标题的更改，如图4-74所示。

图 4-73

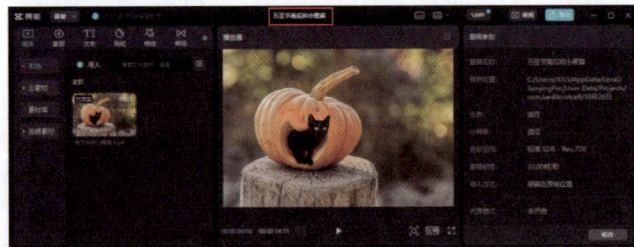

图 4-74

4.3.3 选择分辨率和视频格式

常见的视频分辨率包括480P、720P、1080P、2K、4K、8K，甚至10K、16K等。视频画质根据清晰度，一般分为标清、高清、全高清和超高清这几种效果。

● **标清**：是指原始分辨率在480P左右的视频。标清的代表是广播电视和DVD的清晰度。

- **高清**：是指视频尺寸超过720P，即短边分辨率为720px。高清的代表是HDVD、低画质的蓝光等。
- **全高清**：指1080P，分辨率多为1920px×1080px。一般是蓝光的标准画质。
- **超高清**：包括2K、4K、8K等分辨率标准。

对于自媒体短视频来说，用不到非常高的分辨率；对于各大短视频网站来说，1080P全高清已经足够满足观看需求。

从剪映中导出的视频默认分辨率为1080P，默认导出的格式为mp4。除此之外，剪映还提供了不同的分辨率和视频格式，用户可以根据需要选择。

视频制作完成后，单击界面右上角的"导出"按钮，打开"导出"对话框，单击"分辨率"下拉按钮，在下拉列表中可以选择一种分辨率，如图4-75所示。

在"导出"对话框中单击"格式"下拉按钮，可以将视频格式修改为"mov"，如图4-76所示。

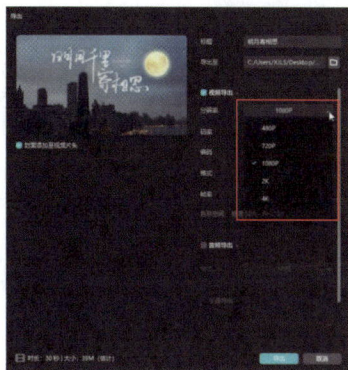

图 4-75

图 4-76

✿ 知识延伸 | **mov 与 mp4 格式的区别**

mov格式由苹果公司开发。mov格式的文件可以跨平台使用，在苹果系统、Windows系统中非常流行。mov格式不仅包括视频和音频，还包括Java、脚本、图片等元素，是一种很复杂的封装格式。而mp4格式则是把mov格式中的音频、视频部分提取出来进行标准化，也可以封装一些简单的脚本，复杂程度比不上mov。

4.3.4 只导出音频

导出视频时，可以选择将视频中的音频单独导出成一个文件；也可以不导出视频，只导出音频。

视频制作完成后，单击界面右上角的"导出"按钮，在"导出"对话框中勾选"音频导出"复选框，默认导出的音频格式为"MP3"，单击"格式"下拉按钮，在下拉列表中可以更改音频格式，如图4-77所示。

图 4-77

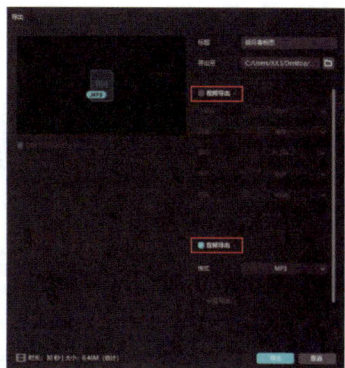

图 4-78

若不导出视频，只导出音频，则在"导出"对话框中取消勾选"视频导出"复选框，然后勾选"音频导出"复选框，最后单击"导出"按钮，即可导出音频，如图4-78所示。

4.3.5 导出静帧画面

剪映支持将动态视频中指定的某一帧直接导出为图片。拖动时间轴至要导出为图片的那一帧，单击播放器窗口右上角的▤按钮，在展开的列表中选择"导出静帧画面"选项，如图4-79所示。

打开"导出静帧画面"对话框，设置好名称、导出位置，并根据需要设置分辨率和格式。单击"导出"按钮，即可将时间轴所指画面导出为图片，如图4-80所示。

图 4-79

图 4-80

4.3.6 草稿的管理

剪映是在联网状态下工作的，每一步操作都会被自动保存。退出视频编辑后，用户可以在草稿中找到编辑过的视频。当草稿较多时，需要进行适当管理，以便更好地开展视频剪辑工作。

1. 处理指定草稿

启动剪映后，在初始界面的草稿区可以看到所有草稿。将鼠标指针移动到指定草稿上，单击草稿右下角的▤按钮，通过列表中的选项，可以对该草稿执行上传、重命名、复制、删除等操作，如图4-81所示。

图 4-81

2. 快速搜索草稿

在草稿区右上角单击▤按钮，在展开的文本框中输入草稿名称中的关键字，即可快速搜索到该草稿，如图4-82所示。

图 4-82

3. 更改草稿布局

默认情况下，草稿以"宫格"形式布局。单击草稿区右上角的■按钮，在下拉列表中选择"列表"选项，可以将草稿的布局更改为列表形式，如图4-83所示。

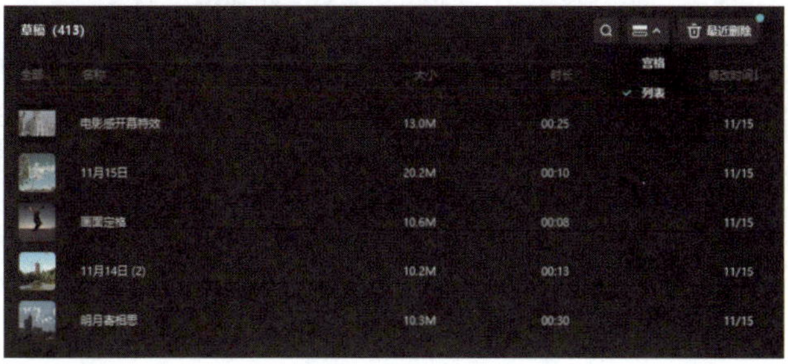

图 4-83

4. 恢复删除的草稿

在草稿区右上角单击 □ 最近删除 按钮，打开"最近删除"对话框，该对话框中会显示最近30天内删除的草稿，在指定的草稿上单击鼠标右键，在弹出的快捷菜单中选择"恢复"选项，即可将该草稿恢复到草稿区，如图4-84所示。

若要批量恢复被删除的草稿，则依次单击多个草稿将其选中，在对话框下方单击"恢复"按钮，即可将所选草稿恢复到草稿区，如图4-85所示。

图 4-84

图 4-85

> 🖱 **案例实战**

制作盗梦空间效果

使用镜像、复制、翻转、裁剪等基础功能，可以制作出各种高级的画面效果。下面使用上述功能制作城市折叠的盗梦空间效果。

素材位置：配套资源＼第4章＼素材＼城市.mp4
实例效果：配套资源＼第4章＼效果＼城市盗梦空间效果（文件夹）

1. 制作城市折叠视频效果

城市折叠视频效果可以通过复制、旋转、拼接等技巧来实现。下面介绍具体操作步骤。

Step 01 向剪映中导入视频素材，并将视频添加到轨道上，如图4-86所示。

Step 02 保持视频素材为选中状态，在工具栏中单击"裁剪"按钮，对视频画面进行适当裁剪，效果如图4-87所示。

图 4-86   图 4-87

Step 03 保持时间轴位置在轨道最左侧，执行复制粘贴操作，在新轨道上复制出一份视频，如图4-88所示。

Step 04 选中上方轨道上的视频片段，在工具栏中单击2次"旋转"按钮，将画面旋转180°，如图4-89所示。

图 4-88   图 4-89

Step 05 保持上方轨道上的视频片段为选中状态，在工具栏中单击"镜像"按钮，将画面设置成镜像显示，如图4-90所示。

Step 06 在播放器窗口中将上方轨道上的视频画面向上方拖曳，将下方轨道上的视频画面向下方拖曳，使拼接效果看起来自然即可，如图4-91所示。

图 4-90   图 4-91

2. 添加背景音乐

合适的背景音乐可以烘托视频的气氛。视频创作者可以从剪映音乐素材库中选择合适的背景音乐。

Step *01* 将时间轴移动到视频轨道最左侧，在素材区中打开"音频"面板，单击"音乐素材"按钮，展开该分组，随后选择需要的音乐类型，此处选择"纯音乐"选项，在需要使用的音乐素材上方单击 **+** 按钮，即可为视频添加背景音乐，如图4-92所示。

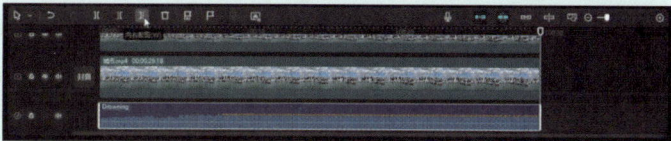

图 4-92

Step *02* 在时间线窗口中选择背景音乐，将时间轴移动到视频画面最右侧，在工具栏中单击"向右裁剪"按钮，将背景音乐时长设置为与视频时长相同，如图4-93所示。

图 4-93

3. 制作封面

视频封面是否吸睛决定了视频能否留住观众，使他们继续观看视频内容。下面为视频制作封面。

Step *01* 在主轨道左侧单击"封面"按钮，如图4-94所示。

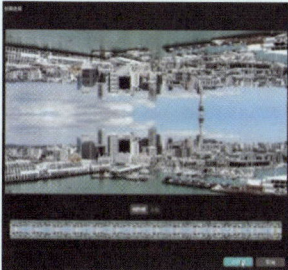

图 4-94

Step *02* 打开"选择封面"对话框，在预览区域下方移动预览轴，选择要作为封面使用的画面，单击"去编辑"按钮，如图4-95所示。

Step *03* 打开"封面设计"对话框，在左侧"模板"选项卡中选择一个满意的文字模板，添加在封面中，如图4-96所示。

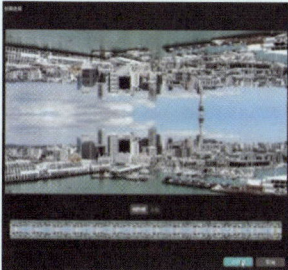

图 4-95

图 4-96

Step 04 删除模板中多余的文本素材。选中保留的文本素材，在封面左上角的文本框中修改文字内容，如图4-97所示。

Step 05 通过封面上方工具栏中的操作按钮，可以对文字效果进行设置。此处保持"市"文字素材为选中状态，单击字体颜色按钮，在展开的菜单中选择需要的颜色，如图4-98所示。

图 4-97　　　　　　　　　　　　　　　　图 4-98

Step 06 所选文字随即被设置成相应的颜色，效果如图4-99所示。

Step 07 继续修改剩余文本素材中的文字内容并设置字体颜色，如图4-100所示。

图 4-99　　　　　　　　　　　　　　　　图 4-100

Step 08 此时下方的文字内容和背景图片混杂在一起不容易阅读，用户可以为其填充背景颜色。保持该文字素材为选中状态，在工具栏中单击"背景"按钮，在展开的菜单中设置背景颜色为白色、透明度为"50%"，如图4-101所示。设置完成的效果如图4-102所示。

图 4-101　　　　　　　　　　　　　　　　图 4-102

Step 09 单击封面编辑区左下角的"裁剪"按钮，拖曳裁剪框对封面进行适当裁剪，随后单击"完成裁剪"按钮，完成裁剪的效果如图4-103所示。

Step *10* 封面制作完成后，单击"完成设置"按钮，退出封面设计模式，如图4-104所示。

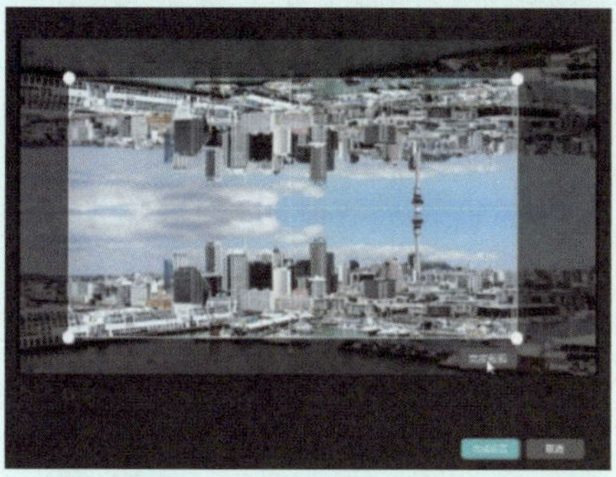

图 4-103    图 4-104

4. 导出视频

视频制作完成后可以导出，以便在视频平台上发布。导出视频时，需要根据实际情况选择分辨率与格式等。

Step *01* 在创作界面顶部修改视频名称，随后单击"导出"按钮，如图4-105所示。

Step *02* 打开"导出"对话框，勾选"封面添加至视频片头"复选框，设置好视频导出位置，以及分辨率、格式等参数，单击"导出"按钮，即可导出视频，如图4-106所示。

图 4-105    图 4-106

Step *03* 至此，完成城市盗梦空间效果。视频的预览效果，以及封面制作效果如图4-107和图4-108所示。

图 4-107   图 4-108

生活类短视频

🔗 **知识拓展**   ▶

生活类短视频的覆盖领域非常广泛，几乎涵盖日常生活的方方面面，主要类型包括美食制作、旅游分享、家居生活、人物访谈、运动健身、艺术文化、日常记录、宠物趣事、短剧搞笑、知识科普等，如图4-109和图4-110所示。

图 4-109

图 4-110

生活类短视频的制作流程根据创作需求和目的有所不同，但通常包括以下几个基本步骤。

确定主题和故事情节：选择一个有趣、有意义的主题，设计一个引人入胜的故事情节，确保内容吸引人且具有观赏性。

准备拍摄器材：根据需要，准备好合适的拍摄器材，如手机、相机、三脚架等，确保拍摄的质量和稳定性。

拍摄素材：按照事先设计好的故事情节进行拍摄。可以采用多种镜头语言，如全景、特写、逆光等，增强视频的艺术性。

剪辑制作：对拍摄的素材进行剪辑制作，添加音乐、字幕、特效等，使视频更加生动有趣。

调色和音频处理：进行必要的调色和音频处理，使视频的画面色彩和声音更加自然，达到视听效果最佳状态。

发布和分享：将制作好的短视频发布到适合的平台上，如抖音、快手、微博、YouTube等，并适当做好推广和分享，以便让更多人看到。

在制作过程中需要注意以下几点。

- 保持视频的稳定性，避免晃动和失焦。
- 注意光线和音质，确保视频的清晰度和音效质量。
- 合理使用剪辑技巧，避免过于烦琐或简单的剪辑。
- 选择合适的音乐和字幕，使其与视频内容相得益彰。
- 根据目标受众和平台特点，进行适当的推广和分享。

第5章

短视频剪辑
进阶技能

在剪映中使用特效、滤镜、贴纸、蒙版、关键帧等功能可以改变视频的色调、形状，并可以平滑过渡镜头、增强视频趣味性等，从而制作出各种高级的视频效果。本章将对上述功能的使用方法进行介绍。

5.1 "特效"功能的应用

剪映中提供了海量的特效，用户使用特效可以让视频更具吸引力和观赏性。

5.1.1 特效的类型

剪映中的特效分为"画面特效"和"人物特效"两大类。在剪映创作界面中打开"特效"面板，可以看到右侧导航栏包含"画面特效"和"人物特效"两个分组按钮。

画面特效主要用于为视频画面增添艺术感和创意效果。单击"画面特效"按钮，可以展开该分组包含的所有特效。画面特效的类型包括基础、氛围、动感、DV、复古、Bling、扭曲、爱心、综艺、潮酷、自然、边框等，如图5-1所示。

人物特效可以帮助创作者更好地塑造人物形象，营造氛围，表达情感，增强故事性以及创新表现形式。单击"人物特效"按钮后，可以查看所有类型的人物特效。人物特效的类型包括情绪、头饰、身体、克隆、挡脸、装饰、环绕、手部、形象、暗黑等，如图5-2所示。

图 5-1　　　　　　　　　　　　图 5-2

5.1.2 特效的使用方法

在"特效"面板中选择一个特效，即可使用该特效。添加特效后，还可以对特效的时长、开始位置和结束位置进行调整。下面为一段秋天树林的视频片段添加落叶特效，以增强萧瑟的氛围感。

⭐ **实例：添加落叶特效**
素材位置：配套资源 \ 第5章 \ 素材 \ 秋天的树林黄叶.mp4
实例效果：配套资源 \ 第5章 \ 效果 \ 添加落叶特效最终效果.mp4

Step 01 向剪映创作界面中导入视频素材，将时间轴移动到轨道最左侧。在素材区中打开"特效"面板，在"画面特效"组内选择"自然"选项，单击"落叶"特效上方的按钮，时间线窗口中随即自动添加特效轨道，并显示所选特效，如图5-3所示。

图 5-3

Step 02 将鼠标指针移动到特效最右侧边缘位置，当鼠标指针变成双向箭头时，按住鼠标左键拖曳至与视频末尾对齐，然后松开鼠标左键即可，如图5-4所示。

图 5-4

Step 03 预览视频，查看为视频添加落叶特效的效果，如图5-5所示。

图 5-5

5.1.3 制作复古胶片效果

剪映中的特效可以叠加使用，以呈现更好的视频效果。下面通过多个特效的叠加使用，制作出复古胶片的效果。

⭐ 实例：叠加特效制作胶片老电影效果
素材位置：配套资源 \ 第5章 \ 素材 \ 阿甘正传电影片段.mp4
实例效果：配套资源 \ 第5章 \ 效果 \ 复古胶片最终效果.mp4

Step 01 向剪映中导入视频素材，将鼠标指针移动到轨道最左侧。在素材区中打开"特效"面板，单击"画面特效"按钮，选择"复古"选项，单击"胶片‖"特效上方的➕按钮，添加该特效轨道，如图5-6所示。

Step 02 在画面特效组中选择"投影"选项，向轨道上添加"窗格光"特效，如图5-7所示。

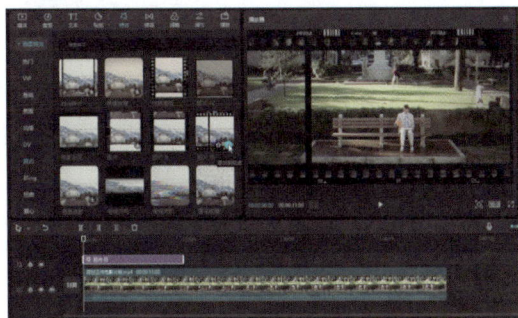

图 5-6

图 5-7

Step 03 在画面特效组中选择"纹理"选项，向轨道上添加"老照片"特效，如图5-8所示。叠加特效时，为了保证视频的最终效果，需要注意每个特效添加的先后顺序。

图 5-8

Step 04 在轨道上将鼠标指针移动到任意特效素材的最右侧，按住鼠标左键拖曳，将结束位置调整为与下方视频片段的结束位置相同。随后，使用上述方法继续调整剩余两个素材的时长，如图5-9所示。

图 5-9

Step 05 预览视频，查看复古胶片效果视频的制作效果，如图5-10所示。

图 5-10

5.2 "滤镜"功能的应用

为了使视频更具高级感，可以为其添加滤镜效果。在剪映的滤镜库中，可以选择多种风格滤镜。

5.2.1 滤镜的类型

剪映的滤镜库中包含种类丰富的滤镜，如风景、美食、夜景、风格化、复古胶片、户外、室内、黑白等。这些滤镜保存在素材区的"滤镜"面板中。用户可以通过左侧导航栏中的滤镜分类，快速找到合适的滤镜，如图5-11所示。

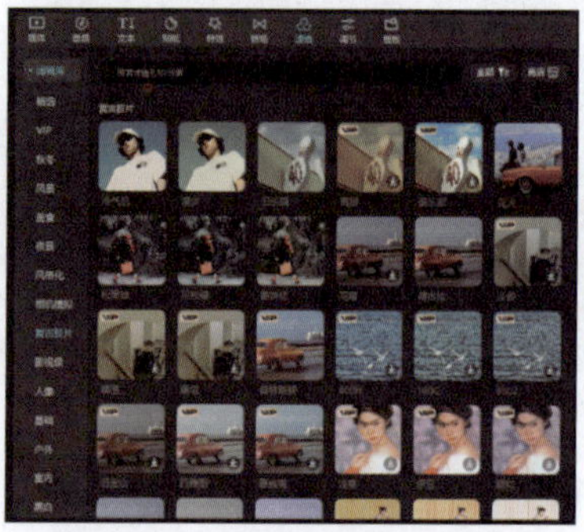

图 5-11

5.2.2 滤镜的使用方法

"滤镜"和"特效"的使用方法基本相同,将滤镜应用到视频片段之后,还可以调整滤镜的强度和效果。

⭐ **实例:为雪山风景添加滤镜**

素材位置:配套资源 \ 第5章 \ 素材 \ 雪山.mp4
实例效果:配套资源 \ 第5章 \ 效果 \ 雪山滤镜最终效果.mp4

Step 01 向剪映中导入视频素材,将时间轴移动到视频素材的开始位置,打开"滤镜"面板,在"滤镜库"组中选择"影视级",在"自由"滤镜上单击🔵按钮,即可将该滤镜添加到轨道上,如图5-12所示。

图 5-12

Step 02 将鼠标指针移动到滤镜素材最右侧边缘处,按住鼠标左键拖曳,将滤镜的结束位置调整为下方视频的结束位置相同,如图5-13所示。

图 5-13

Step 03 保持轨道上的滤镜为选中状态,功能区中会自动显示"滤镜"面板,滤镜默认的强度为100%,拖曳滑块可以调整,如图5-14所示。

图 5-14

为视频添加"自由"滤镜前后的对比效果如图5-15和图5-16所示。

图 5-15

图 5-16

5.2.3 制作季节自然变换效果

特效和滤镜是编辑视频时常用的工具。用户可以添加多个特效和滤镜,以增强视频的视觉效果。下面通过使用多个特效和滤镜为视频片段制作从初秋到深秋再到冬天下雪的季节自然变换效果。

★ 实例: 从初秋到深冬季节变换效果
素材位置: 配套资源 \ 第5章 \ 素材 \ 森林骑行.mp4
实例效果: 配套资源 \ 第5章 \ 效果 \ 季节变换最终效果.mp4

Step 01 向剪映中导入视频素材,将时间轴适当向右移动,选择从初秋到深秋再到冬天下雪季节变换的时间点。打开"特效"面板,在"画面特效"组中选择"基础"选项,单击"变秋天"特效上方的 按钮,将相应特效添加到轨道上,如图5-17所示。

图 5-17

Step 02 将轨道上的"变秋天"特效时长适当延长,选中视频轨道上的视频素材,将时间轴拖曳到特效结束位置。在工具栏中单击"分割"按钮,分割视频,如图5-18所示。

图 5-18

Step 03 分割视频后,选中右侧的视频片段,依次按Ctrl+C和Ctrl+V组合键,将该视频片段复制并粘贴,如图5-19所示。

图 5-19

Step 04 选中上方轨道上被复制的视频片段，在"画面"面板中打开"抠像"选项卡，勾选"智能抠像"复选框，抠出画面中的人物，如图5-20所示。

图 5-20

Step 05 打开"滤镜"面板，在"滤镜库"组中选择"黑白"选项，添加"默片"滤镜，随后调整滤镜结束位置与下方轨道上的视频结束位置相同，如图5-21所示。

图 5-21

Step 06 按住Ctrl键，依次单击"默片"滤镜和主轨道上的第二段视频素材，鼠标右键单击所选素材，在弹出的快捷菜单中选择"新建复合片段"选项，如图5-22所示。

图 5-22

Step 07 打开"特效"面板，在"画面特效"组中选择"自然"选项，添加"大雪纷飞"特效，最后调整特效的结束位置与视频素材的结束位置保持一致，如图5-23所示。

图 5-23

Step 08 预览视频，查看从初秋到深秋再到冬天下雪的季节自然变换效果，如图5-24所示。

图 5-24

5.3 "贴纸"功能的应用

剪映中的贴纸是一种用于增强视频趣味性和可读性的功能。贴纸可以添加到视频的特定位置，为画面增添各种动态、可爱的装饰元素。

5.3.1 贴纸的类型

剪映内置的贴纸素材种类十分丰富，包括互动、指示、情绪、萌宠、美食、科技、旅行、遮挡、复古、边框、爱心等20多种类型。在素材区的"贴纸"面板中可以看到所有贴纸，如图5-25所示。用户可以通过面板左侧导航栏中提供的类型快速找到自己想使用的贴纸，如图5-26所示。

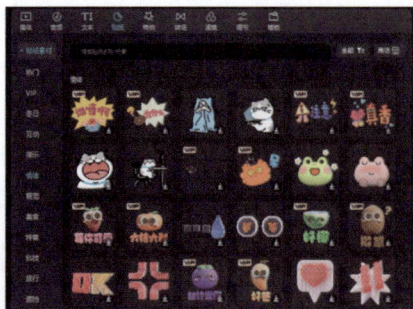

图 5-25

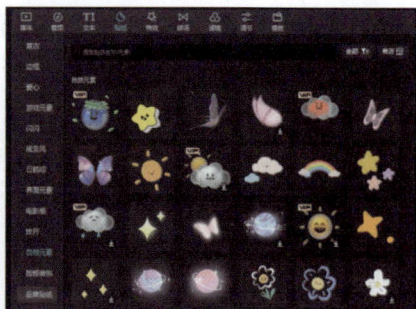

图 5-26

5.3.2 贴纸的使用方法

在视频中添加贴纸后，可以对贴纸的大小、位置和角度等进行调整。以下是具体操作方法的介绍。

⭐ **实例：使用贴纸美化视频**
素材位置：配套资源 \ 第5章 \ 素材 \ 冲浪.mp4
实例效果：配套资源 \ 第5章 \ 效果 \ 使用贴纸最终效果.mp4

Step 01 将时间轴移动到需要添加贴纸的时间点，打开"贴纸"面板，选择"旅行"选项，单击需要使用的贴纸上方的🔵按钮，将该贴纸添加到轨道上，如图5-27所示。

Step 02 在播放器窗口中拖动贴纸周围的圆形控制点，调整贴纸的大小，如图5-28所示。

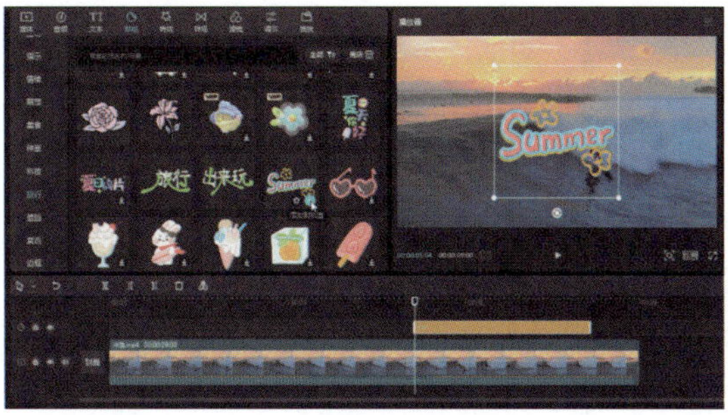

图 5-27

Step 03 将鼠标指针移动到贴纸上方，按住鼠标左键将贴纸移动到画面中合适的位置。拖动贴纸下方的🔵按钮，可以旋转贴纸，如图5-29所示。

图 5-28

图 5-29

Step 04 为视频添加贴纸前后的对比效果如图5-30和图5-31所示。

图 5-30

图 5-31

5.3.3 为贴纸设置运动跟踪

为贴纸设置运动跟踪可以让贴纸附着在指定目标上，并在视频中随着物体自动移动，从而增强视频的视觉效果与趣味性。下面介绍如何为贴纸设置运动跟踪。

⭐ **实例：用贴纸遮挡人脸**
素材位置：配套资源 \ 第5章 \ 素材 \ 跑步.mp4
实例效果：配套资源 \ 第5章 \ 效果 \ 用贴纸遮挡人脸最终效果.mp4

Step 01 在视频中添加熊猫头像贴纸，并调整贴纸的大小和位置，使贴纸正好遮挡住人物的头部，如图5-32所示。

Step 02 在轨道上选中贴纸，在功能区中打开"跟踪"面板，单击"运动跟踪"按钮。此时，画面中会显示贴纸的跟踪框，如图5-33所示。

图 5-32

图 5-33

Step 03 在播放器窗口中拖动跟踪框，将其移动到需要跟踪的物体上。根据需要适当调整跟踪框的大小，设置完成后单击"开始跟踪"按钮。剪映随即开始处理贴纸的运动轨迹，如图5-34所示。

Step 04 贴纸的运动轨迹处理完成后，预览视频，查看贴纸的运动跟踪效果，如图5-35所示。

图 5-34

图 5-35

5.3.4 制作影视剧片尾效果

每一种贴纸都有其独特的特点和用途，视频创作者可以根据自己的需要进行选择。下面使用胶卷和相机贴纸来装饰影视剧片尾。

⭐ **实例：用特效和贴纸美化影视剧片尾**

素材位置：配套资源 \ 第5章 \ 素材 \ 影视剧片尾.mp4

实例效果：配套资源 \ 第5章 \ 效果 \ 影视剧片尾最终效果.mp4

Step 01 向剪映中导入影视剧片尾视频，将时间轴移动到轨道最左侧，在素材区中打开"特效"面板，在"画面特效"组中选择"边框"选项，添加"白色线框"特效，随后调整特效时长，使其结束位置与下方视频的结束位置相同，如图5-36所示。

Step 02 在轨道上选中视频片段，在播放器窗口中拖曳视频任意边角位置的圆形控制点，适当缩放视频画面，使画面在白色框线内显示，如图5-37所示。

图 5-36   图 5-37

Step 03 在素材区中打开"贴纸"面板，在搜索框中输入"胶卷"，随后按Enter键，搜索相关类型的贴纸，如图5-38所示。

Step 04 找到需要使用的贴纸，单击➕按钮，将该贴纸添加到轨道上，如图5-39所示。随后调整贴纸的时长，使其与下方主轨道上视频的时长相同。

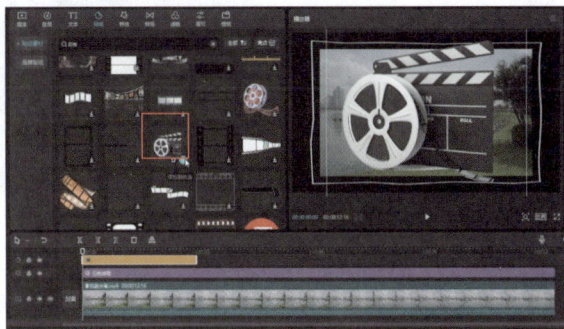

图 5-38   图 5-39

Step 05 保持贴纸为选中状态，在播放器窗口中拖曳贴纸任意边角位置的圆形控制点，将贴纸缩放至适当大小，如图5-40所示。

Step 06 将鼠标指针移动到贴纸上，按住鼠标左键向画面左上角拖曳，到合适位置时松开鼠标左键。随后拖曳贴纸下方的旋转按钮🔄，将贴纸旋转至适当角度，如图5-41所示。

图 5-40   图 5-41

Step 07 继续在"贴纸"面板中搜索"摄像机"贴纸，找到需要使用的摄像机贴纸，将其添加到轨道上，并调整其时长，使其与下方轨道上的视频时长相同，如图5-42所示。

图 5-42

Step 08 参照上述步骤，适当缩放摄像机贴纸，如图5-43所示。将贴纸拖曳到画面右下角显示，如图5-44所示。

图 5-43

图 5-44

Step 09 预览视频，查看影视剧片尾的制作效果，如图5-45所示。

图 5-45

5.4 "蒙版"功能的应用

"蒙版"功能可以帮助用户在视频或者图片上实现更加精确的遮罩，从而制作出更加独特的效果。例如，用户可以在视频中创建一个圆形蒙版，使视频中的某个区域变得透明，从而实现圆形渐变效果。下面对蒙版的类型和使用方法进行介绍。

5.4.1 蒙版的类型

在剪映中，蒙版的类型包括线性、镜面、圆形、矩形、爱心和星形6种。不同类型的蒙版具有不同的作用和功能，用户可以根据自己的需要选择合适的蒙版类型。在功能区的"画面"面板中打开"蒙版"选项卡，使用这些蒙版，如图5-46所示。

图 5-46

6种蒙版的基础应用效果如图5-47所示。

图 5-47

5.4.2 蒙版的使用方法

剪映中的蒙版可以通过调整大小、位置、形状、透明度等属性来进一步优化视频或图片的效果。下面介绍蒙版的使用方法。

1. 添加蒙版

添加蒙版的方法非常简单。将两段视频素材导入剪映。将需要在底层显示的视频添加到主轨道上，将需要在上层显示并添加蒙版的视频添加到上方轨道上，并将两段视频裁剪为相同长度，如图5-48所示。

图 5-48

选中上方轨道上的视频片段，在功能区的"画面"面板中打开"蒙版"选项卡，单击"线性"按钮，所选视频随即被添加相应的蒙版，如图5-49所示。

图 5-49

2. 设置蒙版位置、旋转、大小

设置不同类型蒙版的位置和大小的方法略有不同，但调整旋转角度的方法相同。

（1）设置线性蒙版

为视频添加线性蒙版后，可以通过拖曳画面上方的白色横线来扩大或缩小蒙版范围，从而改变蒙版的位置，如图5-50所示。

在添加了蒙版的视频画面中，拖曳 ⟳ 按钮可以控制蒙版的旋转角度，如图5-51所示。需要注意的是，线性蒙版无法调整大小。

图 5-50

图 5-51

（2）设置镜面蒙版

为视频添加镜面蒙版后，可以通过拖曳 ▭ 图标，来调整蒙版的大小，如图5-52所示。将鼠标指针放在画面的任意位置，按住鼠标左键拖曳，可以调整蒙版的位置，如图5-53所示。除了线性蒙版，其余5种蒙版的位置设置方法均相同。

图 5-52

图 5-53

（3）设置圆形蒙版

为视频添加圆形蒙版后，可以在画面上拖曳蒙版任意一个边角位置的圆形控制点，以等比缩放蒙版，如图5-54所示。

拖曳上、下、左、右任意方向的控制按钮，可以在相应方向调整大小，如图5-55所示。

图 5-54　　　　　　　　　　　　　　图 5-55

（4）设置矩形蒙版

矩形蒙版的设置方法与圆形蒙版的设置方法基本相同，但是矩形蒙版有一个特别的功能，可以设置圆角的大小。默认情况下，矩形的每个角都是直角，如图5-56所示。将 □ 图标向画面边缘拖曳，可以逐步增加圆角的弧度，如图5-57所示。

图 5-56　　　　　　　　　　　　　　图 5-57

（5）设置爱心蒙版和星形蒙版

爱心蒙版和星形蒙版只能等比缩放大小，设置方法与圆形蒙版相同，如图5-58和图5-59所示。

图 5-58　　　　　　　　　　　　　　图 5-59

3. 设置蒙版羽化

为蒙版设置羽化效果可以使蒙版边缘逐渐模糊淡出，避免画面转换过于突兀，从而使画面过渡更加柔和自然，提升视频的整体质量。

为视频添加蒙版后，在画面中拖曳羽化按钮 ⌃ 即可设置羽化效果，如图5-60所示。为视频添加线性蒙版并设置位置、旋转和羽化后的最终效果如图5-61所示。

图 5-60　　　　　　　　　　　　　　图 5-61

⌘ **知识延伸**

除了在画面上直接调整蒙版的大小、位置、旋转、羽化等参数，创作者也可以通过"蒙版"选项卡设置各项参数值，如图5-62所示。

图 5-62

4. 反转蒙版

反转蒙版的作用是将蒙版的遮罩效果反转。也就是说，原本被蒙版遮罩隐藏的部分会显示出来，而原本显示的部分则会被蒙版遮罩隐藏。为视频设置蒙版后（此处以圆形蒙版为例），如图5-63所示。

图 5-63

在"蒙版"选项卡中单击"反转"按钮，即可将蒙版中显示的画面反转，如图5-64所示。

图 5-64

5. 删除蒙版

要删除蒙版，可以在轨道上选中使用蒙版的视频片段，在"画面"面板的"蒙版"选项卡中单击"无"按钮，将蒙版删除，如图5-65所示。

图 5-65

5.4.3 让风景图片中的天空动起来

将静态图片和动态视频拼接是视频剪辑中常见的技巧，可以制作出各种创意视频效果。下面使用一张静态风景图和蓝天白云的动态视频进行拼接，让风景图中的天空动起来。

⭐ 实例：为风景图添加动态天空效果

素材位置：配套资源 \ 第5章 \ 素材 \ 山坡.mp4、蓝天白云.mp4
实例效果：配套资源 \ 第5章 \ 效果 \ 为风景图添加动态天空最终效果.mp4

Step 01 向剪映中导入"山坡"图片和"蓝天白云"视频素材，将"山坡"图片添加到主轨道上，将"蓝天白云"视频添加到上方轨道上，如图5-66所示。

图 5-66

Step 02 选中上方轨道上的视频片段，在"画面"面板中打开"蒙版"选项卡，单击"线性"按钮，添加线性蒙版，如图5-67所示。

图 5-67

Step 03 选中主轨道上的视频素材，在播放器窗口中拖曳画面，将画面向下适当移动，如图5-68所示。

图 5-68

Step 04 选中上方轨道上的视频片段，在播放器窗口中拖曳蒙版中的横线，将蓝天白云画面调整至与下方视频中的山峰位置相接，如图5-69所示。

Step 05 向上拖曳羽化图标，适当增加羽化，使画面衔接处看起来更加自然，如图5-70所示。

图 5-69 图 5-70

Step 06 制作完成后预览视频，查看风景图片添加动态背景的效果，如图5-71所示。

图 5-71

5.5 "关键帧"功能的应用

关键帧是指在视频编辑中用来控制动画效果、运动轨迹、音频和音效等参数变化的帧。视频创作者可以在时间轴上为视频、文字、音频、特效等各种素材添加关键帧，使视频更加生动、流畅，并具有视觉冲击力。

5.5.1 关键帧的作用

关键帧在视频剪辑中具有十分重要的作用，其用途也非常广泛。关键帧可以创建过渡自然的动画效果、调整音频和音效、控制运动轨迹以及实现特殊效果等。关键帧的常见作用如下。

（1）创建动画效果

关键帧是动画制作中不可或缺的一部分。通过设置关键帧，可以记录动画中角色或物体的位置、大小、旋转等参数，并在不同的时间点上实现平滑过渡，从而创建生动、流畅的动画效果。

（2）调整音频和音效

关键帧可以用于调整音频和音效。例如，在制作音频与视频同步的动画时，可以在不同的关键帧上设置不同的音量参数，实现音量的渐变效果。

（3）控制运动轨迹

关键帧可以用于控制运动轨迹。在不同关键帧上设置位置、大小、旋转等参数，可以控制对象的运动轨迹。例如，在制作球体滚动的动画时，可以在不同的关键帧上设置球体的位置参数，从而控制其运动轨迹。

（4）实现特殊效果

通过使用不同的关键帧，可以实现一些特殊效果。例如，利用形状关键帧和路径关键帧，可以制作特殊的动画效果。

5.5.2 添加关键帧

在剪映中，用户可以为所选素材的不同参数添加关键帧。在功能区中，有些参数右侧会显示◇按钮，该按钮即为关键帧按钮，如图5-72和图5-73所示。

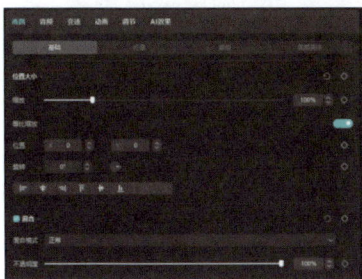

图 5-72

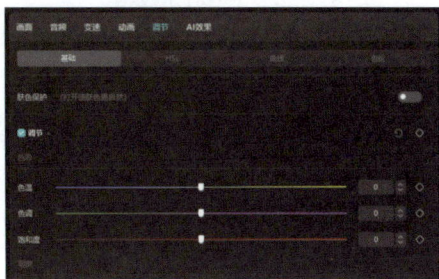

图 5-73

5.5.3 为图片添加关键帧

为图片添加关键帧可以制作出许多有创意的视频效果。下面介绍如何通过为图片添加关键帧，制作出动态视频的效果。

> ⬆ **实例：将图片变为动态视频**
> 素材位置：配套资源 \ 第5章 \ 素材 \ 湖水和森林.mp4
> 实例效果：配套资源 \ 第5章 \ 效果 \ 将图片变为动态视频最终效果.mp4

Step 01 将图片素材导入剪映中，并添加到视频轨道上，如图5-74所示。

图 5-74

Step 02 在轨道上拖曳图片素材右侧边缘位置，将总时长延长至10秒，如图5-75所示。

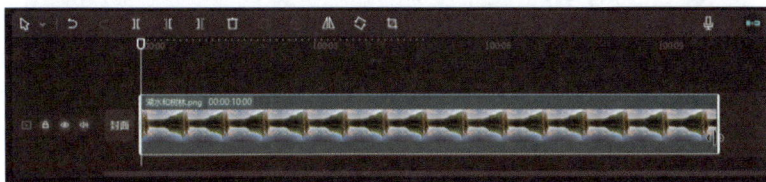

图 5-75

Step 03 将时间轴移动到轨道最左侧，在功能区的"画面"面板中打开"基础"选项卡，依次单击"缩放"和"位置"右侧的关键帧按钮，如图5-76所示。

图 5-76

Step 04 适当增大缩放值，并移动画面的位置（可以在面板中设置参数，也可以在播放器窗口中直接使用鼠标拖曳），如图5-77所示。

图 5-77

Step 05 将时间轴移动到图片素材的结束位置，在"画面"面板的"基础"选项中为"缩放"和"位置"添加关键帧，并将缩放值设置为"100%"，将位置的X和Y值设置为"0"，如图5-78所示。

图 5-78

Step 06 预览视频，查看图片变为动态视频的效果，如图5-79所示。

图 5-79

5.5.4 为蒙版添加关键帧

为蒙版添加关键帧可以制作出自然的转场效果。下面使用镜面蒙版制作倾斜开屏的转场效果。

★ **实例：制作倾斜开屏转场效果**

素材位置：配套资源 \ 第5章 \ 素材 \ 沙滩.mp4、冲浪. mp4
实例效果：配套资源 \ 第5章 \ 效果 \ 倾斜开屏转场最终效果.mp4

Step 01 向剪映导入"沙滩"和"冲浪"两段视频素材，将"沙滩"视频添加到主轨道上，将"冲浪"视频添加到上方轨道上。将"冲浪"视频向轨道右侧拖曳，从00：00：00：10时间点开始，保持上方"冲浪"视频片段为选中状态，将时间轴移动到该视频的开始位置，如图5-80所示。

图 5-80

Step 02 在功能区的"画面"面板中打开"蒙版"选项卡，单击"镜像"按钮，为"冲浪"视频添加相应蒙版，如图5-81所示。

图 5-81

在播放器窗口中拖曳蒙版上方的 🔲 图标，使"冲浪"视频的画面缩小到最小，如图5-82所示。

Step 04 拖曳旋转按钮 ↻，将蒙版旋转为倾斜显示，如图5-83所示。

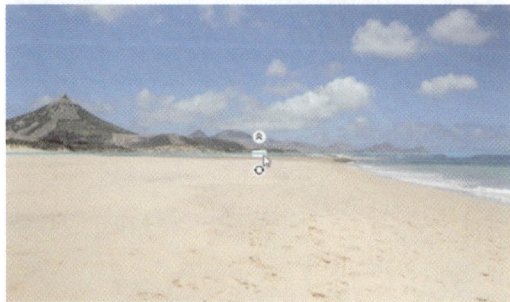

图 5-82

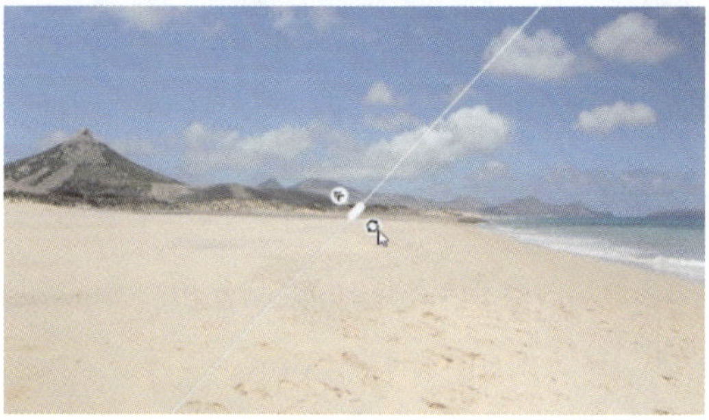

图 5-83

Step 05 在"蒙版"选项卡中单击"大小"右侧的关键帧按钮，为蒙版添加一个大小关键帧，如图5-84所示。

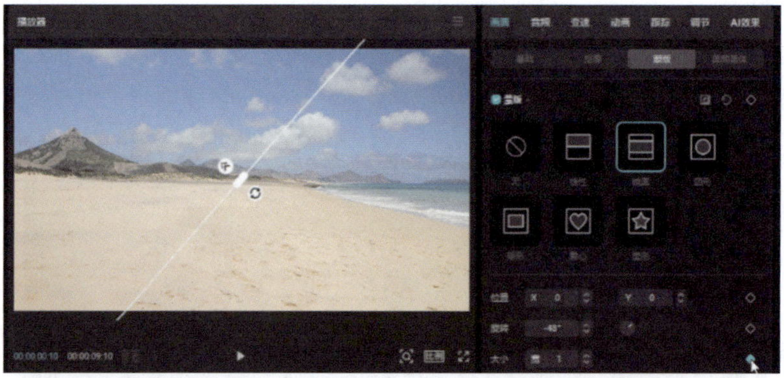

图 5-84

Step 06 将时间轴移动到00：00：03：00时间点，在"蒙版"选项卡中单击"大小"右侧的关键帧按钮，为该时间点的蒙版添加一个大小关键帧，如图5-85所示。

图 5-85

Step 07 在播放器窗口中将 🔲 图标拖曳出画面，使"冲浪"视频画面完全显示，如图5-86所示。

图 5-86

Step 08 预览视频,查看为蒙版添加关键帧后制作倾斜开屏转场的效果,如图5-87所示。

图 5-87

5.5.5 为文字添加关键帧

为文字添加关键帧可以制作出各种文字动画效果。下面使用关键帧制作影视剧片尾的滚动字幕效果。

💠 **实例: 制作滚动字幕效果**

素材位置:配套资源 \ 第5章 \ 素材 \ 城中湖.mp4
实例效果:配套资源 \ 第5章 \ 效果 \ 滚动字幕最终效果.mp4

Step 01 在轨道上添加文本框,输入文字内容,并设置好字体和字号。将文本框的时长调整为下方轨道上视频的时长相同,如图5-88所示。

图 5-88

Step 02 选中文本框素材，保持时间轴停留在文本框的开始位置，在"文本"面板的"基础"选项卡中为"位置"添加关键帧。随后在播放器窗口中拖曳文本框，调整文本框在画面中出现的位置，如图5-89所示。

图 5-89

Step 03 将时间轴移动到文本框素材的结束位置，在"文本"面板的"基础"选项卡中再次为"位置"添加关键帧。在播放器窗口中将文本框向上拖曳，直至拖出画面，文字滚动效果就制作好了，如图5-90所示。

图 5-90

Step 04 预览视频，查看文字自下向上滚动的效果，如图5-91所示。

图 5-91

5.5.6 为滤镜添加关键帧

为滤镜添加关键帧可以实现滤镜逐渐加深或逐渐减淡的效果。下面介绍如何通过为滤镜添加关键帧制作出画面逐渐褪色，由彩色变为黑白的效果。

★ **实例：制作视频由彩色逐渐变为黑白的效果**
素材位置：配套资源＼第5章＼素材＼少时春风.mp4
实例效果：配套资源＼第5章＼效果＼视频由彩色变黑白最终效果.mp4

Step 01 向剪映中导入视频素材，将时间轴向右拖曳，定位于文字动画结束的位置。在素材区中打开"滤镜"面板，选择"黑白"选项，添加"褪色"滤镜。随后将滤镜的结束位置调整为与下方视频片段的结束位置相同，如图5-92所示。

图 5-92

Step 02 保持时间轴定位于滤镜的开始位置，在"滤镜"面板中添加"强度"关键帧，并将"强度"设置为"0"，如图5-93所示。

图 5-93

Step 03 将时间轴向右移动适当距离，在"滤镜"面板中为"强度"添加关键帧，同时设置"强度"为"100"。至此完成操作，如图5-94所示。

图 5-94

预览视频，查看滤镜强度由浅变深，画面由彩色逐渐变为黑白的效果，如图5-95所示。

图 5-95

5.6 即梦 AI 与 DeepSeek 的技术融合

即梦AI是由字节跳动旗下剪映团队开发的一款生成式人工智能创作平台，它支持通过自然语言及图片输入生成高质量的图像和视频。即梦AI与DeepSeek达成技术融合后推出了"与DeepSeek对话获取灵感"这一创新功能。用户在使用即梦AI时，可以通过与DeepSeek-R1模型的对话，轻松获取富有创意的灵感词。这些灵感词能够激发用户的创作灵感，帮助用户将脑海中的画面或想法具象化。

5.6.1 生成图片素材

进入登录即梦AI官网，在首页中单击"图片生成"按钮，如图5-96所示。

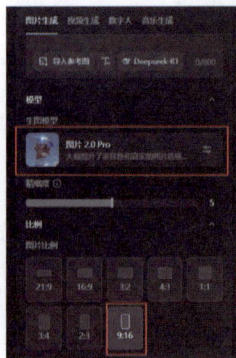

图 5-96

进入图片生成界面，生图模型使用默认的"图片2.0 Pro"，选择图片比例为"9∶16"，如图5-97所示。在文本框下方单击"DeepSeek-R1"按钮，切换至DeepSeek-R1对话模式，如图5-98所示。在文本框中输入关键词，单击"发送"按钮，如图5-99所示。系统随即生成三份提示词，选择需要使用的提示词，单击其下方的"立即生成"按钮，如图5-100所示。

图 5-97

图 5-98

图 5-99

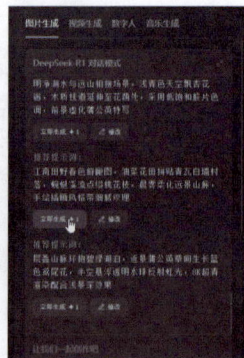
图 5-100

系统随即生成4张图片，在图片上方单击可以将图片放大，鼠标右键单击图片，从弹出的菜单中可以选择下载图片，如图5-101所示。下载的图片可以直接在剪映中使用。

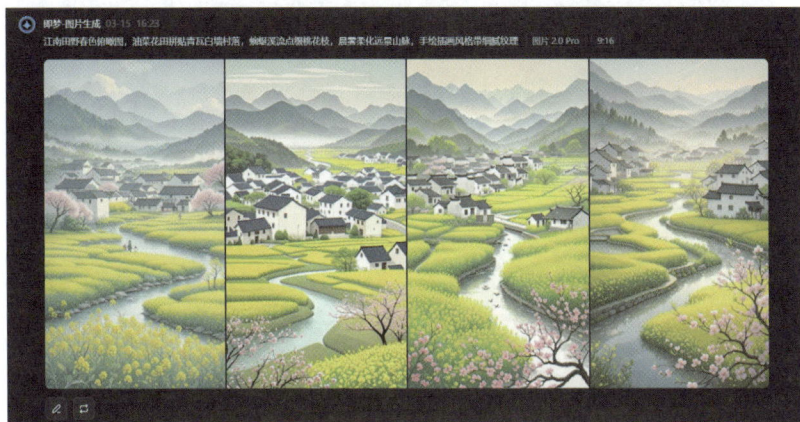

图 5-101

5.6.2 生成视频素材

用户可以使用即梦AI生成视频素材，然后将生成的视频素材导入剪映中进行进一步剪辑。

进入即梦AI官网，在首页顶部的"AI视频"模块中单击"视频生成"，或在左侧导航栏中单击"视频生成"按钮，如图5-102所示

图 5-102

进入视频生成界面，在"视频生成"面板中打开"文本生成视频"选项卡，单击文本框左下角的"DeepSeek-R1"按钮，如图5-103所示。选择视频比例，此处使用默认的"16∶9"比例。在文本框中输入关键词，单击"发送"按钮，如图5-104所示。DeepSeek-R1经过深度思考生成三份提示词，选择一个满意的提示词后，单击"立即生成"按钮，如图5-105所示。

图 5-103

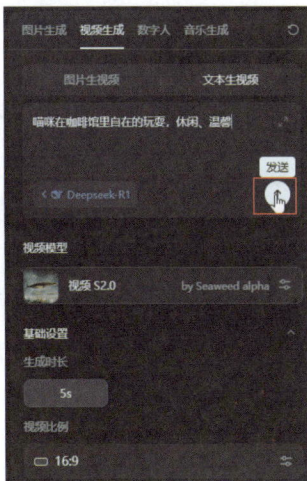

图 5-104

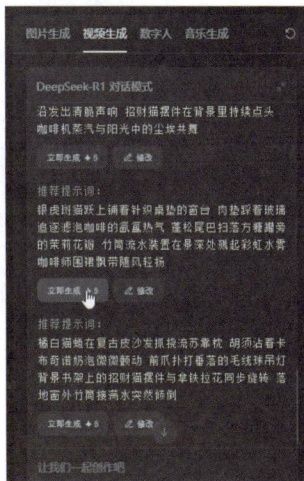

图 5-105

稍作等待后，即梦AI将根据DeepSeek-R1推荐的提示词生成视频，如图5-106所示。

图 5-106

制作绚丽动态星空效果

本章主要学习了特效、滤镜、贴纸、蒙版、关键帧等工具的应用，下面综合运用所学知识制作绚丽动态星空效果。

素材位置：配套资源 \ 第5章 \ 素材 \ 天空和山.mp4、星空.mp4、流星.mp4
实例效果：配套资源 \ 第5章 \ 效果 \ 绚丽动态星空最终效果.mp4

1. 添加滤镜并设置渐变效果

为视频添加"高饱和"滤镜并利用关键帧设置渐变效果，呈现出天空从亮逐渐变暗的过程。下面介绍具体操作方法。

Step 01 向剪映中导入"天空和山""星空""流星"3个视频素材，首先将"天空和山"视频素材添加到主轨道上，如图5-107所示。

图 5-107

Step 02 在素材区中打开"滤镜"面板，选择"影视级"选项，向轨道上添加"高饱和"滤镜，如图5-108所示。

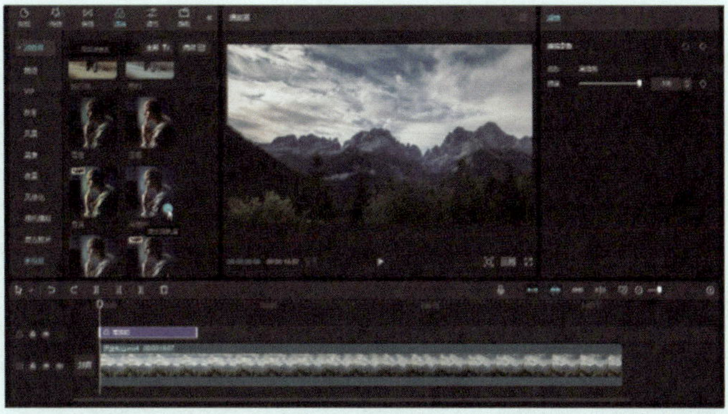

图 5-108

Step 03 调整滤镜开始时间和结束时间与下方视频片段相同。选中滤镜,将时间轴定位于滤镜起始时间点,在功能区的"滤镜"面板中添加"强度"关键帧,设置"强度"为"0",如图5-109所示。

图 5-109

Step 04 将时间轴移动到00:00:03:09时间点,在"滤镜"面板中添加"强度"关键帧,设置"强度"为"80",如图5-110所示。

图 5-110

2. 为视频添加蒙版去除天空部分

为视频添加蒙版可以制作出很多画面特效。下面使用线性蒙版去除视频中天空的部分,其具体操作步骤如下。

Step 01 选中主轨道上的视频片段，将时间轴移动到视频的起始位置，在"功能区"的"画面"面板中打开"蒙版"选项卡，单击"线性"按钮，如图5-111所示。

图 5-111

Step 02 单击"反转"按钮，反转蒙版，如图5-112所示。

图 5-112

Step 03 为"位置"和"羽化"添加关键帧，并设置"位置"的X参数值为"57"、Y参数值为"360"，如图5-113所示。

图 5-113

Step 04 将时间轴移动到00：00：02：21时间点，在"蒙版"选项卡中添加"位置"和"羽化"关键帧，并设置"位置"的X参数值为"0"，Y参数值为"-40"，设置"羽化"为"100"，如图5-114所示。

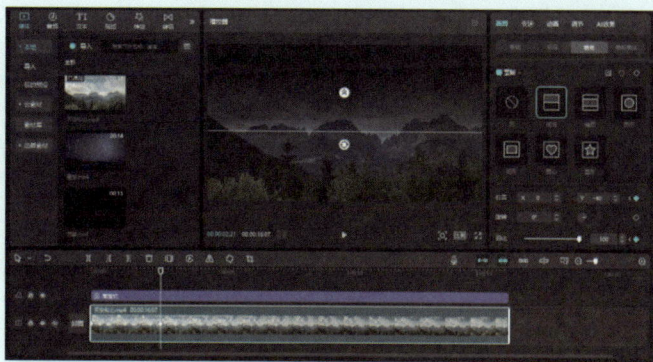

图 5-114

3. 添加星空背景

去除视频中天空的部分以后，可以添加星空素材，拼接出夜晚星空的效果。下面介绍具体操作步骤。

Step 01 向轨道上添加"星空"视频素材，并将该视频片段移动到主轨道上方显示，裁剪视频和滤镜，使轨道上所有素材的时长相同。随后选中"星空"视频片段，将时间轴移动到视频起始位置，打开"画面"面板，切换到"蒙版"选项卡，单击"线性"按钮，如图5-115所示。

图 5-115

Step 02 为"位置"和"羽化"添加关键帧，设置"位置"的X参数为"0"、Y参数为"800"，设置"羽化"为"62"，如图5-116所示。

图 5-116

Step 03 将时间轴定位于00：00：02：21时间点，为蒙版的"位置"和"羽化"添加关键帧，修改"位置"的X参数为"0"，Y参数为"105"，如图5-117所示。

图 5-117

4. 添加流星背景

接下来继续添加流星素材，营造流星划过夜空的氛围。下面介绍具体操作步骤。

Step 01 向轨道上添加"流星"视频素材，并将该视频片段移动至"星空"视频所在轨道的上方，设置"流星"视频的开始时间点为00：00：03：00，随后裁剪视频时长，使所有素材的结束位置相同，如图5-118所示。

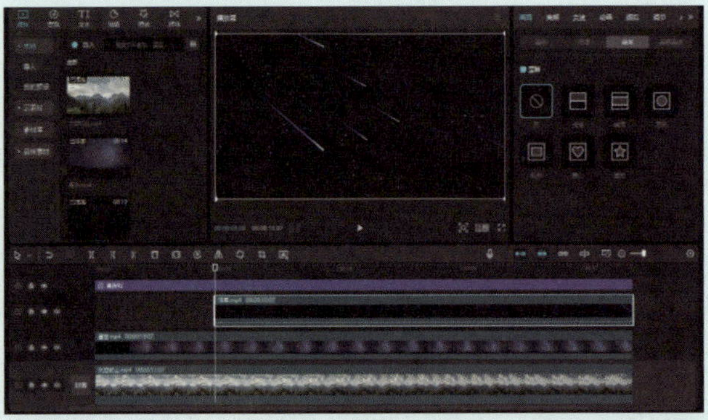

图 5-118

Step 02 选中"流星"视频片段，打开"画面"面板，在"基础"选项卡中单击"混合模式"下拉按钮，选择"滤色"选项，如图5-119所示。

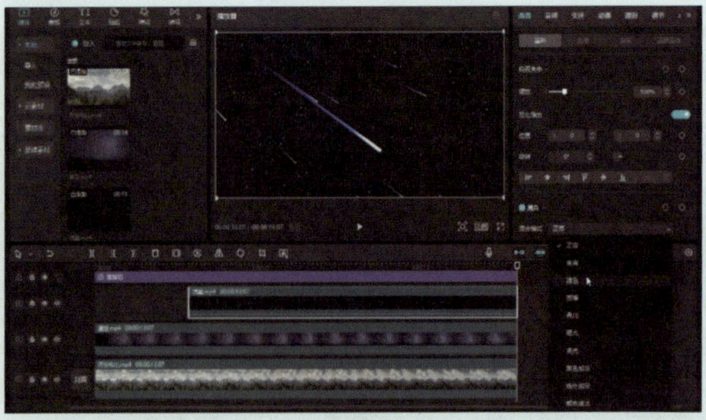

图 5-119

短视频剪辑与AI创作 全彩微课版 ——DeepSeek+剪映

Step *03* 保持"星空"视频片段为选中状态，在"画面"面板中打开"蒙版"选项卡，添加"线性"蒙版，设置"羽化"为"8"，如图5-120所示。

5. 添加月亮贴纸

最后在剪映素材库中搜索"月亮"贴纸，向夜空中添加一轮明月。下面介绍其具体操作步骤。

图 5-120

Step *01* 将鼠标指针定位于00：00：03：00时间点，打开"贴纸"面板，在搜索框中输入"月亮"，按Enter键，搜索相关类型的贴纸，随后选择一个合适的月亮贴纸，将其添加到轨道上，如图5-121所示。

图 5-121

Step *02* 将月亮贴纸的结束时间设置为与其他素材相同，在"播放器"窗口中调整好贴纸的大小和位置。打开"动画"面板，在"入场"选项卡中添加"向下滑动"动画，设置"动画时长"为"5.0s"，如图5-122所示。至此，完成视频的制作。

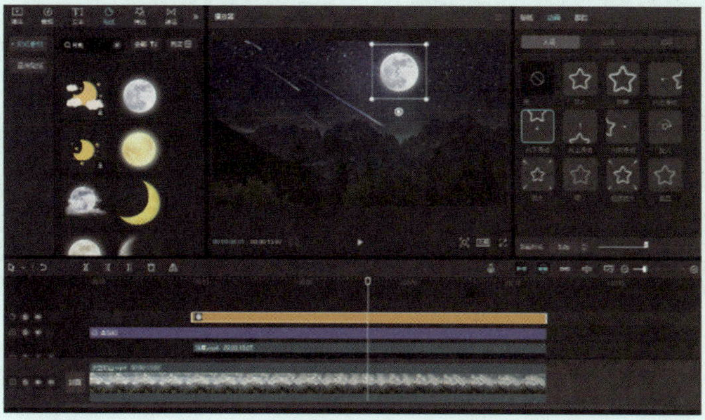

图 5-122

Step 03 预览视频，查看绚丽动态星空效果，如图5-123所示。

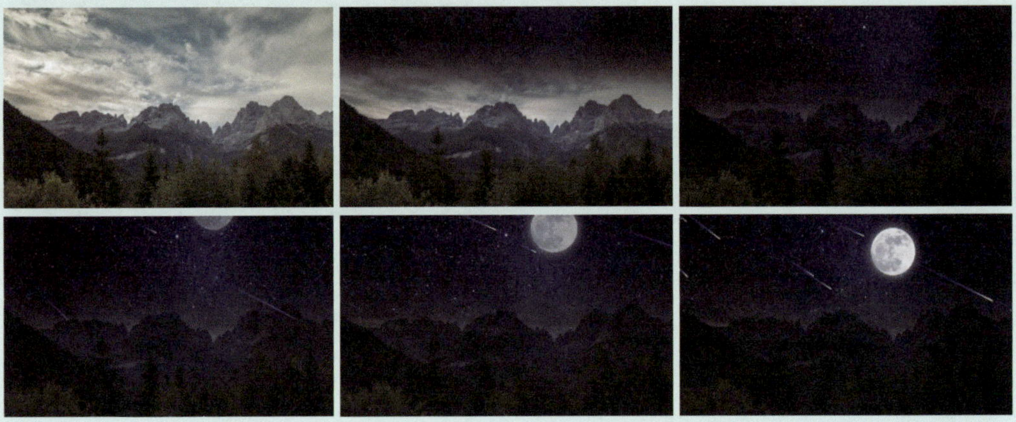

图 5-123

知识拓展 喜剧类短视频

喜剧类短视频通常以轻松幽默的方式展现故事情节，通过夸张、搞笑的表演和离奇的剧情吸引观众的注意力。这类短视频通常具有短小精悍、节奏明快、情节简单等特点，能够让观众在短时间内获得轻松愉快的观看体验。目前，各短视频平台上比较热门的喜剧类短视频（见图5-124和图5-125）有以下几种。

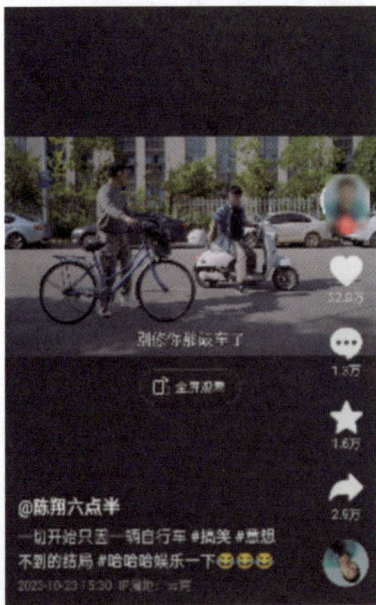

图 5-124

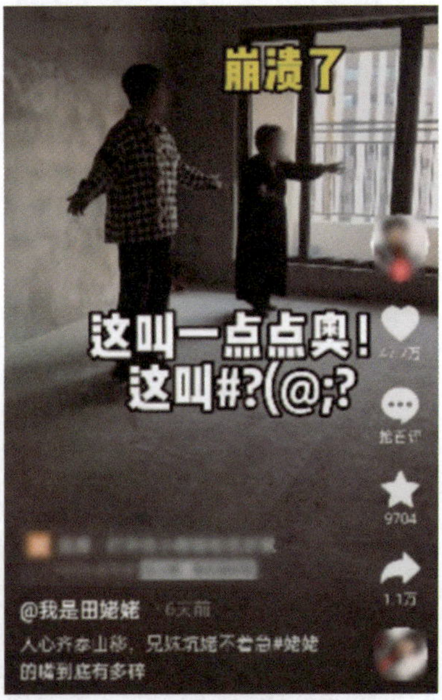

图 5-125

段子手型：这种类型的特点是内容简单、有趣且富有创意，通常采用夸张的手法表现幽默效果。

模仿型：这种类型通过模仿一些经典场景或角色达到搞笑效果。

自黑型：这种类型通过将自身置于尴尬状态下进行表演、展示自己的才华与能力，从而制造笑点。

反差型：这种类型通过对比的形式达到喜剧效果，如男女换装、颜值反差等。

情景喜剧型：这种类型以家庭或工作场所的日常生活事件和人际关系为背景，通过角色的对话和动作制造笑点。

脱口秀型：这种类型以单人讲述为主，自由发挥时事新闻、社会热点及个人真实故事，挖掘生活中的各种搞笑元素。

爆笑短视频型：这种类型通常为数十秒到几分钟的短视频，通过夸张的表情和丰富多样的剪辑手法带给观众喜感。

喜剧类短视频的制作可以从以下几个方面着手。

● 剧本创作：制作喜剧类短视频的第一步是创作剧本。剧本是整个视频的基础，需要有精彩的故事情节和有趣的角色设定。

● 拍摄准备：拍摄设备的质量和稳定性对喜剧类短视频的制作至关重要，需要准备高质量的摄像机、麦克风、灯光等设备，以确保视频的画面质量和音效效果。

● 选角与排练：选角是喜剧类短视频制作的重要环节，需要选择具有表演天赋和专业素养的演员担任角色。排练是让演员熟悉剧本、理解角色、练习表演的过程，也是喜剧类短视频制作中不可缺少的一步。

● 拍摄：在拍摄过程中，需要注意细节和表现手法，如镜头角度、灯光效果、音效等，以突出喜剧效果。

● 后期制作：后期制作包括剪辑、音效处理、特效添加等环节。需要对拍摄的素材进行剪辑和整理，通过添加音效和特效增强喜剧效果。

第6章

短视频
画面优化

短视频的后期优化有助于提升视频的质量和吸引力。视频后期优化的内容包括调整画面混合模式、透明度、色彩，以及为画面添加特殊效果等。本章将对短视频后期优化的操作技巧进行介绍。

6.1 画面的后期调整

设置图层混合模式和画面透明度是视频后期处理中的常用技巧。以下是具体操作方法。

6.1.1 设置图层混合模式

在专业版剪映中，混合模式共有11种类型，分别为：正常、变亮、滤色、变暗、叠加、强光、柔光、颜色加深、线性加深、颜色减淡和正片叠底。这些混合模式可以改变图像的亮度、对比度、颜色和透明度特性，从而创造出不同的视觉效果。

根据功能，混合模式可以分为四大类：正常组、去亮组、去暗组和对比组。

● 正常组：正常模式是默认的混合模式，上层图层完全覆盖下层图层。通过调节透明度，可以显示下层图层的内容。

● 去亮组：变暗、正片叠底、线性加深和颜色加深等混合模式可以去除图像的亮部。这类混合模式常用于处理底色为白色的视频。

● 去暗组：滤色、变亮、颜色减淡等混合模式可以去掉暗部。这些混合模式常用于处理底色为黑色的视频。

● 对比组：叠加、强光、柔光等混合模式可以提高图像对比度，从而创造出各种视觉效果。
下面介绍几种常用混合模式的具体应用效果。

1. 滤色

滤色是最常用的混合模式之一。在实际应用中，该混合模式可以过滤掉较暗的像素，保留较亮的像素，并将这些像素的颜色值与底层的颜色值混合，得到更亮的结果。

> ⭐ **实例：制作月光倾泻湖面效果**
> 素材位置：配套资源 \ 第6章 \ 素材 \ 湖面和月亮.mp4、上升的荧光和倒映.mp4
> 实例效果：配套资源 \ 第6章 \ 效果 \ 月光倾泻湖面最终效果.mp4

Step 01 向剪映中导入两段视频素材，并添加到轨道上，拖曳视频使其在两个轨道上显示。选中上方轨道上的视频片段，在"画面"面板的"基础"选项卡中单击"混合模式"下拉按钮，选择"滤色"选项，如图6-1所示。

Step 02 所选视频的黑色背景随即被去除，显示出下方轨道上的视频画面，从而形成两个视频画面相互叠加的效果，如图6-2所示。

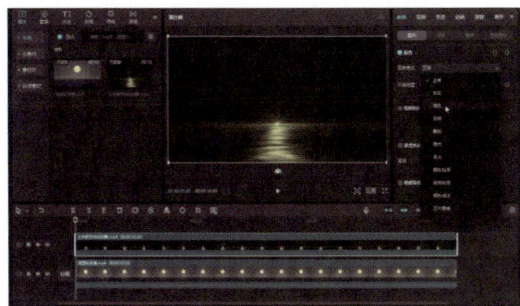

图6-1

图6-2

Step 03 预览视频，查看为视频设置"滤色"混合模式的效果，如图6-3所示。

图 6-3

2. 变暗

变暗的原理是去掉亮色，保留暗色。比如，在本例中，飞鸟的剪影比背景颜色更深，使用"变暗"混合模式可以滤掉白色背景，保留飞鸟的剪影。

⭐ **实例：在天空中添加飞鸟**

素材位置：配套资源 \ 第6章 \ 素材 \ 雪景.mp4、鸟剪影.mp4
实例效果：配套资源 \ 第6章 \ 效果 \ 在天空中添加飞鸟最终效果.mp4

Step 01 向剪映中导入"雪景"和"鸟剪影"两段视频素材，并分别添加到不同轨道上。将"鸟剪影"视频放置在上方轨道，并选中该轨道上的视频片段，设置"混合模式"为"变暗"，如图6-4所示。

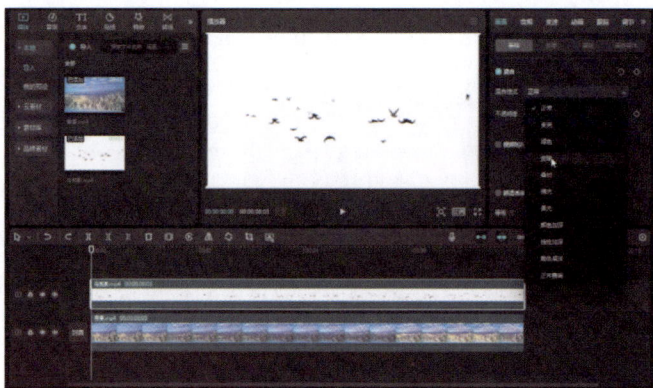

图 6-4

Step 02 上方轨道上的视频白色背景随即变为透明。在"播放器"窗口中拖曳上方视频画面，将画面中的飞鸟适当向上移动，如图6-5所示。

图 6-5

Step 03 预览视频，查看为风景视频添加飞鸟的效果，如图6-6所示。

图 6-6

3. 变亮

"变亮"混合模式与"变暗"混合模式的效果正好相反，会保留上层图像中颜色较亮的像素，去除较暗的像素。

⭐ **实例：制作人物透明剪影**

素材位置：配套资源 \ 第6章 \ 素材 \ 暮光云雾山林.mp4、人物剪影2.mp4
实例效果：配套资源 \ 第6章 \ 效果 \ 透明人物剪影最终效果.mp4

Step 01 在剪映中添加视频并调整好视频的位置，选中上方轨道中的人物剪影视频片段，设置"混合模式"为"变亮"，如图6-7所示。

图 6-7

Step 02 预览视频，查看为视频设置"变亮"混合模式的效果，如图6-8所示。

图 6-8

4. 正片叠底

"正片叠底"混合模式是一种暗混合模式，可以将上层图像与底层图像混合，使图像颜色更深、更暗。由于正片叠底的效果是使颜色更深、更暗，因此在剪映中常用来去除白底的图像或者降低图像的亮度。

113

素材位置：配套资源 \ 第6章 \ 素材 \ 霞光云雾山林.mp4、山顶人物月亮背景.mp4
实例效果：配套资源 \ 第6章 \ 效果 \ 月夜森林奇境最终效果.mp4

Step 01 在剪映中添加视频并调整好视频的位置，选中上方轨道上的视频片段，设置"混合模式"为"正片叠底"，如图6-9所示。

图 6-9

Step 02 预览视频，查看为视频设置"正片叠底"混合模式的效果，如图6-10所示。

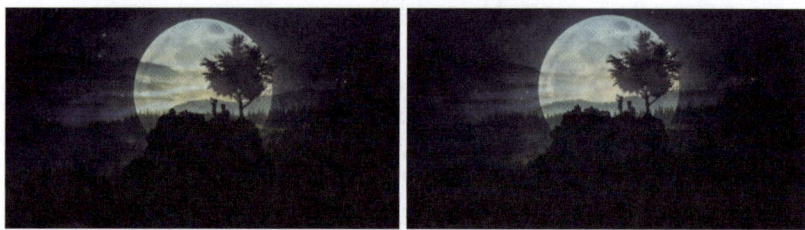

图 6-10

6.1.2 调整画面透明度

在剪映中，通过调整不透明度，可以控制画面中各个像素的透明度，从而实现各种视觉效果。视频创作者可以在任意一种混合模式下设置视频或图像的透明度。

向剪映中导入两段视频素材，并在不同轨道上显示。选中上方轨道上的视频片段，在"画面"面板中打开"基础"选项卡。在"混合模式"下方可以看到"不透明度"的默认值为"100%"，即完全不透明，如图6-11所示。

图 6-11

在正常混合模式下拖曳"不透明度"滑块，即可对所选视频片段的透明度进行调整。不透明度越低，画面越透明。当不透明度为0时，画面将完全透明，如图6-12所示。

图 6-12

用户也可以在其他混合模式下调整不透明度。例如，设置混合模式为"强光"，然后拖曳"不透明度"滑块，对画面的不透明度进行适当调整，以达到更好的效果，如图6-13所示。

图 6-13

6.2 画面的色彩调节

使用"调节"面板提供的各项参数，可以对视频的色彩、亮度、对比度、饱和度等进行调整，从而增强视频的视觉冲击力、提升质感并传递情感。

6.2.1 基础调色

在功能区中打开"调节"面板，在"基础"选项卡中展开"调节"组，可以看到该组内包含"色彩""明度""效果"3种类型的参数。调节这些参数可以对视频的色彩、亮度和画面效果进行细致的调整，如图6-14所示。

1. 调节色彩

色彩包括色温、色调和饱和度3个参数。色温从字面意思上可以理解为色彩的温度，是衡量光源颜色的重要指标。当我们看一张彩色图片时，会从画面的整体光线分布中感受到颜色是饱满温和还是单调冷艳，这是色温带给人的整体印象。

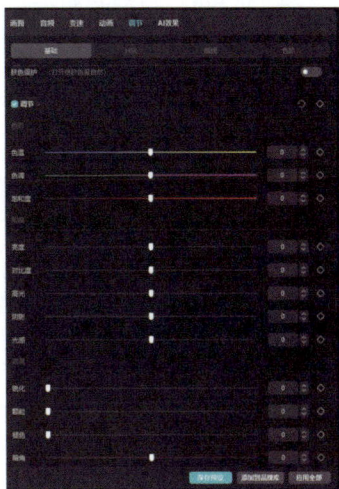

图 6-14

调节色温可以让画面偏向蓝色（冷色）或黄色（暖色）。降低色温值可以增加画面的蓝色调，将色温调整至最低时的效果如图6-15所示。提高色温值可以增加画面的黄色调，将色温调整至最高时的效果如图6-16所示。

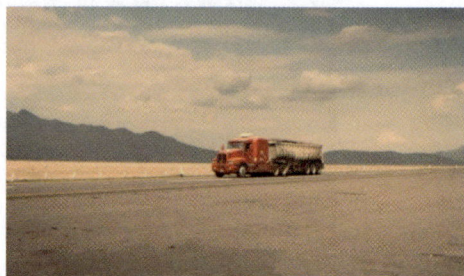

冷色调
图 6-15

暖色调
图 6-16

色调是指整体环境下色彩的浓淡分配。例如，一幅画虽然使用了很多种颜色，但总体上会有一种倾向，例如偏蓝或偏红、偏暖或偏冷等。一般来说，色温高时，画面会偏暖色调；色温低时，画面会偏冷色调。

在视频剪辑过程中，创作者经常会利用色温工具来铺垫画面的基础色彩氛围。例如，如果希望表达柔和、温馨、明亮、热烈的氛围，可以适当提高色温值以增加画面的暖色调；反之，如果想让画面表现出平静、阴凉、寒冷的感觉，则可以适当降低色温值以增加冷色调。将色调调整至最低的效果如图6-17所示。将色调调整至最高的效果如图6-18所示。

低色调
图 6-17

高色调
图 6-18

饱和度可以通过改变画面色彩的鲜艳程度，营造出视觉上的不同感受。高饱和度的色彩浓郁，给人张扬、活泼、温暖的感觉，更加吸引人眼球；低饱和度则给人安静、理性、深沉的感觉，更容易打造出画面的质感。当饱和度降到最低时，画面会变成黑白。画面饱和度从低到高的效果如图6-19所示。

图 6-19

2. 调节明度

明度的参数包括亮度、对比度、高光、阴影和光感。每个参数的具体作用如下。

● 亮度：用于调节画面中的明亮程度。亮度越高，画面越亮；亮度越低，画面越暗。

- 对比度：用于调节画面中的明暗对比，可以使亮的地方更亮，暗的地方更暗。
- 高光：用于单独调节画面中较亮的部分，可以提亮，也可以压暗。
- 阴影：用于单独调节画面中较暗的部分，可以提亮，也可以压暗。
- 光感：与亮度相似，但亮度是将整体画面变亮，光感则是控制光线，调节画面中较暗和较亮的部分，同时保持中间调不变，即进行综合性调整。

调节视频明度前后的对比效果如图6-20、图6-21所示。

图 6-20

图 6-21

3. 调节效果

效果的参数包括锐化、颗粒、褪色和暗角。每个参数的具体说明如下。

- 锐化：用于调节画面的锐利程度。一般上传抖音的视频时，可以适当添加30左右的锐化值，使视频更加清晰。
- 颗粒：用于给画面添加颗粒感，适用于一些复古风格的视频。
- 褪色：可以理解为一张放了很久的照片，由于时间的流逝褪掉了一层颜色，使画面变得较为灰暗，适合用于复古风格的视频。
- 暗角：增加暗角可以为视频周围添加一圈较暗的阴影或较亮的白色遮罩。

适当调整视频的颗粒、褪色和暗角3项参数后，其前后对比效果如图6-22和图6-23所示。

图 6-22

图 6-23

> **✦ 知识延伸　实际工作中的调色原则**
>
> 在实际的视频制作过程中，制作者往往会综合调节色彩、明度和效果的各项参数，以获得更为理想的画面效果。

6.2.2　HSL 八大色系调色

剪映中的HSL功能可以单独控制画面中的某一种颜色，包括红、橙、黄、绿、浅绿、蓝、紫和品红这8种基本色系。每种颜色都可以独立调整色相、饱和度和亮度，如图6-24所示。

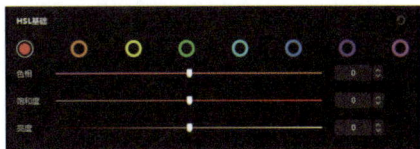

图 6-24

HSL调色适合在需要精细调整画面中某种色彩的情况下使用。例如，在人像摄影中，可以更加精细地调整人物的肤色和嘴唇的颜色；在风景摄影中，可以更加精细地调整天空的蓝色和植物的绿色等。

下面使用HSL调色工具将黄色落叶树林的色相更改为红色，其具体操作方法如下。

向剪映中导入视频，并添加到轨道上，保持视频为选中状态，打开"调节"面板，切换到"HSL"选项卡，选择要调整的颜色为橙色，随后设置"色相"为"-100"、"饱和度"为"29"，如图6-25所示。

图 6-25

使用HSL工具对视频调色前后的对比效果如图6-26所示。

图 6-26

6.2.3 曲线调色

曲线调色是通过调整曲线的形状来改变图像的色彩和明暗。曲线调色工具适合在需要精细调整色彩和明度的情况下使用。例如，对于整体偏暗或偏亮的视频，可以调整色调曲线的形状，以提高或降低图像亮度。此外，曲线调色还可以用来纠正图像中的色偏，以及提高图像的对比度和饱和度等。

1. 四个通道

剪映中的"曲线调色"由亮度、红色通道、绿色通道和蓝色通道4条曲线组成。亮度曲线用于调整画面的亮度，红色、绿色、蓝色通道曲线用于调整图像或视频的颜色，如图6-27所示。

2. 曲线调色的原理

在曲线调色中，每个通道中的线条表示该通道颜色的亮度分布。线条上的点可以用来调整该通道颜色的亮度、对比度和饱和度等参数。通过调整线条上的点，可以改变图像或视频的色彩和明暗分布。例如，调整红色通道曲线上的点，可以提高或降低红色通道的亮度，从而改变图像或视频的红色分布，如图6-28所示。

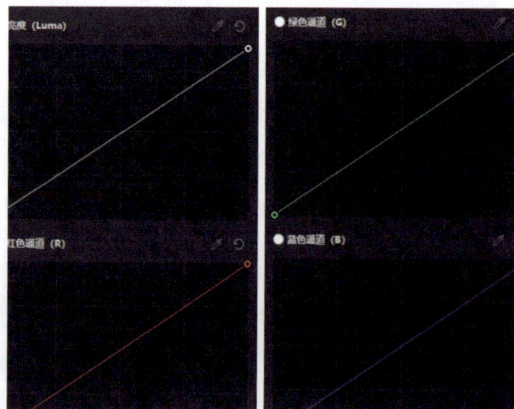

图 6-27

图 6-28

3. 使用曲线工具为视频调色

下面使用曲线工具将视频中的暗部提亮，然后适当调整红色通道与绿色通道的亮度。

⭐ **实例：提亮画面暗部**

素材位置：配套资源 \ 第6章 \ 素材 \ 海边的城市.mp4

实例效果：配套资源 \ 第6章 \ 效果 \ 提亮画面暗部最终效果.mp4

Step 01 向剪映中导入视频，并添加到轨道上。在功能区中打开"调节"面板，切换到"曲线"选项卡，如图6-29所示。

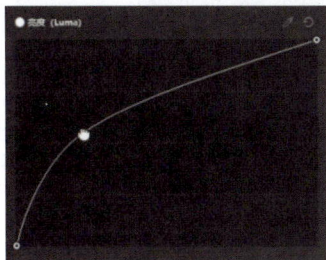

图 6-29

Step 02 在"亮度"线条靠左下方的位置添加点，然后向上方拖曳，提亮视频中较暗的部分，如图6-30所示。

Step 03 在"红色通道"中，线条靠右上方的位置添加一个点，并向上方拖曳，适当提高画面亮部红色的亮度，如图6-31所示。

Step 04 在"绿色通道"中，线条靠右上方的位置添加一个点，并向上方拖曳，适当提高画面亮部绿色的亮度，如图6-32所示。

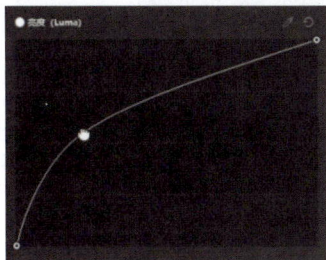

图 6-30

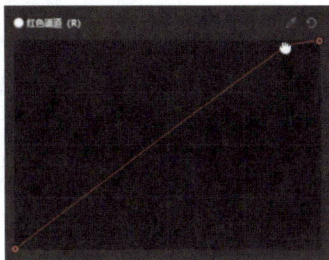

图 6-31

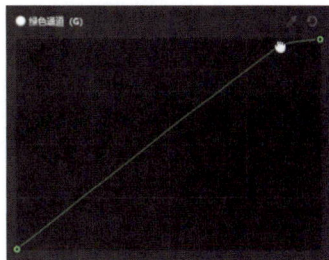

图 6-32

使用曲线工具为视频调色前后的对比效果如图6-33所示。

图 6-33

6.2.4 色轮调色

色轮主要是通过调整色调、饱和度和亮度等参数来改变视频的颜色。剪映中的"色轮"工具提供了暗部、中灰、亮部和偏移4个色轮，如图6-34所示。这4个色轮的主要作用如下。

- 暗部：用于控制画面中比较暗的部分。
- 中灰：用于控制画面的中间色调。
- 亮部：用于控制画面中比较亮的部分。
- 偏移：用于控制整个画面的色调。

图 6-34

每个色轮均由颜色光圈、色倾滑块、饱和度滑块和亮度滑块4个主要部分组成，如图6-35所示。拖曳色轮上的各种滑块或手动输入数值，可以让视频的色彩更加均衡、饱满，使画面更加美观。色轮上各组成部分的说明如下。

- 颜色光圈：由红、绿、蓝三基色组成。
- 色倾滑块：色倾是指颜色的倾向性。色倾滑块偏向颜色光圈中的哪种颜色，视频画面的色调就更偏向哪种颜色。当偏向某种色调时，色倾滑块离颜色光圈越近，这种色调就越浓。
- 饱和度滑块：用于调整画面的饱和度。越向上拖曳，饱和度越高；越向下拖曳，饱和度越低。
- 亮度滑块：用于调整画面的亮度。越向上拖曳，亮度越高；越向下拖曳，亮度越低。

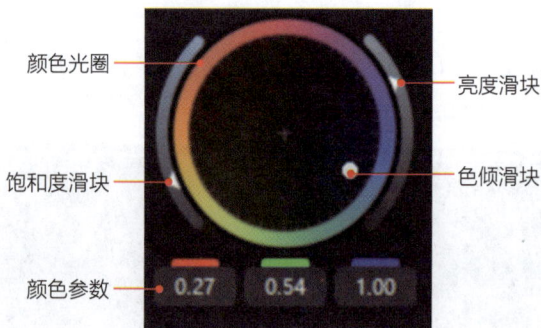

图 6-35

下面使用"色轮"工具调节视频效果。在剪映中的视频轨道上选中需要调色的视频片段，在功能区中打开"调节"面板，切换至"色轮"选项卡，分别对"暗部""中灰"和"亮部"色轮进行调整，具体参数如图6-36所示。

图 6-36

使用"色轮"工具对视频进行调色前后的对比效果如图6-37所示。

图 6-37

6.3 用智能工具展示特殊效果

剪映支持多种智能工具的应用，如一键美颜、美体和一键抠图等。用户使用这些工具可以轻松提升视频质量，同时制作出许多富有创意的视频效果。

6.3.1 智能美颜与美体

剪映专业版提供了丰富的美颜美体工具，可通过调整皮肤质感、美白、瘦脸、大眼等操作来美化人物脸部，并通过瘦身、宽肩、长腿、瘦腰等功能调整身体比例和肌肉线条，使画面中的人物更加美观。

在轨道上选中包含人像的视频片段后，可在功能区的"画面"面板中打开"美颜美体"选项卡，查看其中包含的所有美颜美体工具。这些工具分为美颜、美型、手动瘦脸、美妆和美体五个功能组，如图6-38至图6-41所示。

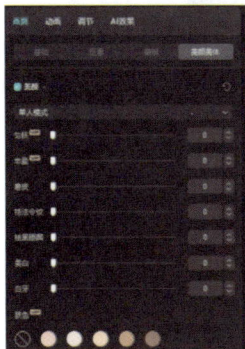

图 6-38

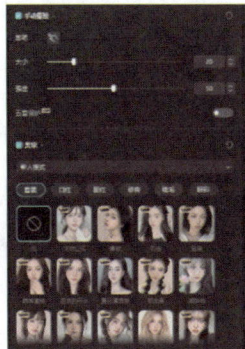

图 6-39

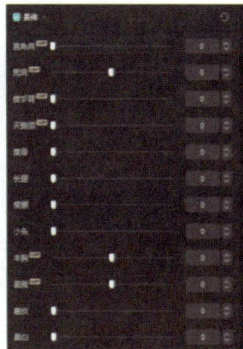

图 6-40

图 6-41

121

美颜美体工具各个功能组的说明如下。

- **美颜**：包含匀肤、丰盈、磨皮、祛法令纹、祛黑眼圈、美白、白牙和一键设置肤色等功能。
- **美型**：包含面部、眼部、鼻子、嘴巴和眉毛5个选项卡，每个选项卡都提供相应的功能选项，常用的有瘦脸、大眼、瘦鼻、调整嘴巴大小、调整眉毛高低等。
- **手动瘦脸**：包含"画笔"工具，可以手动对人物进行瘦脸，并可调整画笔的大小和强度。
- **美妆**：包含套装、口红、睫毛、眼影4个选项卡。"套装"选项卡提供了大量妆容模板，只需单击想要使用的美妆效果即可应用。其他选项卡提供了对应的功能选项。
- **美体**：包含宽肩、瘦手臂、天鹅颈、瘦身、长腿、瘦腰、小头、丰胸、美胯、磨皮、美白等功能，调节具体参数值即可对视频中人物应用相应的美颜美体效果。

🔗 知识延伸

不管是为画面调色，还是对人像应用美颜美体，都不要过度，否则可能会让画面或视频中的人物看起来不自然，以至于失真产生反效果。

6.3.2 智能抠取图像

剪映专业版提供了色度抠图、自定义抠像和智能抠像3种抠图工具。这3种抠图工具各有特点，用户在实际应用中需要根据具体情况进行选择。

1. 色度抠图

"色度抠图"功能通过分析视频画面的颜色信息，根据颜色相似度进行分割和抠出，适合处理背景颜色较为单一或与主体颜色差异较大的视频，常用于绿幕抠图和背景替换等。以下是使用色度抠图功能制作透过窗户看外面风景效果的实例。

⭐ 实例：透过窗户看外面风景效果

素材位置：配套资源 \ 第6章 \ 素材 \ 雪中的柿子树.mp4、绿幕窗户素材.mp4
实例效果：配套资源 \ 第6章 \ 效果 \ 透过窗户看外面风景最终效果.mp4

Step 01 将"雪中的柿子树"和"绿幕窗户素材"两段视频导入剪映，并添加到轨道上。调整视频素材的位置，使"绿幕窗户素材"视频显示在上方轨道中。选中上方轨道中的窗户视频，在"画面"面板中打开"抠像"选项卡，勾选"色度抠图"复选框，如图6-42所示。

图 6-42

Step 02 单击"取色器"按钮，如图6-43所示。将鼠标指针移动到播放器窗口中，在画面中的绿色背景上单击，吸取要去除的颜色，如图6-44所示。

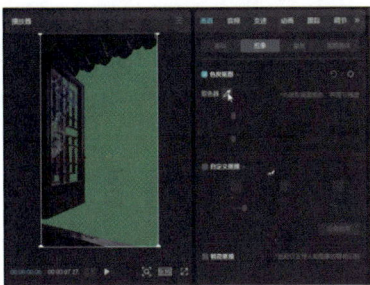

图 6-43　　　　　　　　　　　　　图 6-44

Step 03 拖曳"强度"滑块，同时观察播放器中的视频画面，根据画面中绿色背景的抠除情况设置参数值，如图6-45所示。

Step 04 抠除背景时可能会出现抠除过度的情况，即不该抠除的部分也被抠除掉。此时可以拖曳"阴影"滑块，适当增加阴影，填补被过度抠除的部分，使抠图效果更自然，如图6-46所示。

图 6-45　　　　　　　　　　　　　图 6-46

Step 05 预览视频，查看色度抠图的效果，如图6-47所示。

图 6-47

2. 自定义抠像

"自定义抠像"功能可以根据画笔的涂抹，自动识别并分割出指定的物体。此外，自定义抠像还提供了画笔和擦除工具，无论是人像、物品还是其他图形，只需使用画笔工具在物体上简单涂抹，就能快速智能地抠出该物体。下面通过实例介绍自定义抠像的具体操作方法。

素材位置：配套资源 \ 第6章 \ 素材 \ 荷叶荷花.mp4、荷花.mp4
实例效果：配套资源 \ 第6章 \ 效果 \ 荷花移植最终效果.mp4

Step 01 将需要抠图的视频素材添加到轨道上并选中。在"画面"面板中打开"抠像"选项卡，勾选"自定义抠像"复选框，如图6-48所示。

图 6-48

Step 02 单击"智能画笔"按钮，如图6-49所示。将鼠标指针移动至播放器窗口中，拖曳鼠标在需要保留的物体上涂抹，如图6-50所示。此时系统会根据涂抹的区域自动识别主体，如图6-51所示。

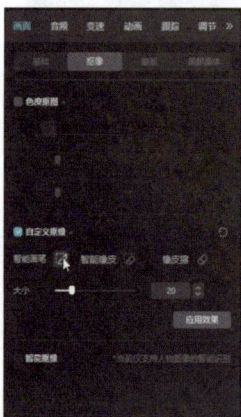

图 6-49

图 6-50

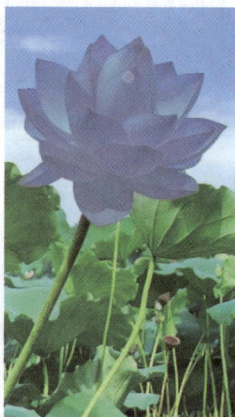

图 6-51

Step 03 在"抠像"选项卡的"自定义抠像"组中拖曳"大小"滑块，可以改变所使用画笔的大小，如图6-52所示。

Step 04 在画面中继续涂抹轮廓较细的部分，停止抠像操作后，剪映会自动对图像进行处理，播放器窗口左上角会显示自定义抠像处理进度，如图6-53所示。

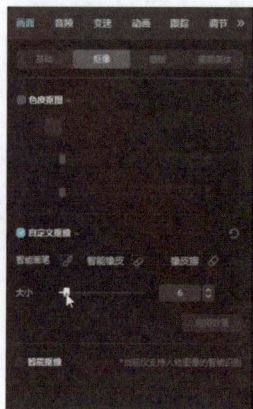

图 6-52

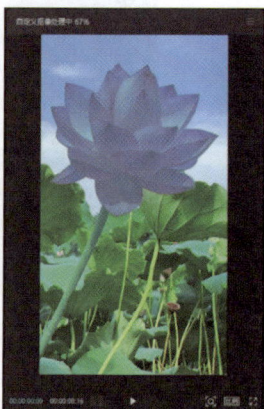

图 6-53

Step 05 自定义抠像处理完成后，在"自定义抠像"组中单击"应用效果"按钮，播放器窗口中随即显示抠像结果，如图6-54所示。

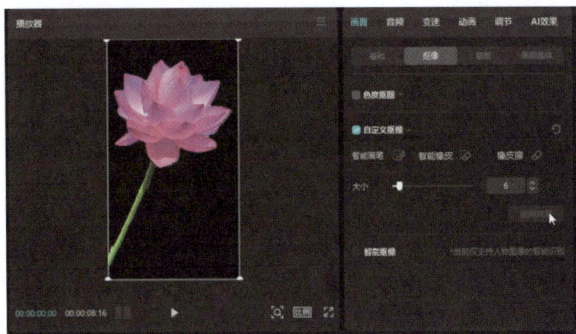

图 6-54

Step 06 若要应用抠出的图像素材，则可以继续向轨道上添加其他视频素材，并将抠出的图像素材置于上层轨道，如图6-55所示。

图 6-55

Step 07 根据需要调整视频的比例，并对抠出的图像素材进行旋转、裁剪、缩放、移动等操作，让其融入背景中，如图6-56所示。预览视频，查看自定义抠像并添加背景的效果，如图6-57所示。

图 6-56

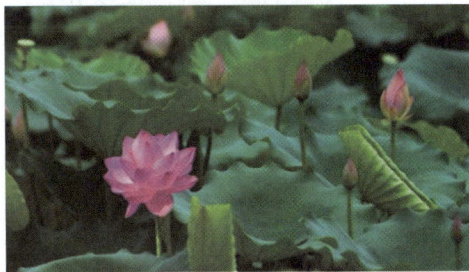

图 6-57

🔗 知识延伸

当系统自动识别的抠像范围有多余的内容时，可以使用"自定义抠像"组中的"智能橡皮"或"橡皮擦"工具擦除，如图6-58所示。

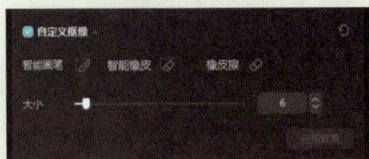

图 6-58

3. 智能抠像

"智能抠像"功能可以通过对视频图像的色彩、纹理和形状等信息进行分析，自动识别出主体图像。目前，剪映仅支持人物图像的智能识别。用户只需导入视频，选择"智能抠像"功能，系统就会自动识别并抠出人物图像，以便进行后续的编辑和特效处理。下面通过实例介绍智能抠像的具体操作方法。

⭐ **实例：将人物背影移植到不同环境**

素材位置：配套资源 \ 第6章 \ 素材 \ 山.mp4、沙漠.mp4、海边背影2.mp4
实例效果：配套资源 \ 第6章 \ 效果 \ 将人物背影移植到不同环境最终效果.mp4

Step 01 将需要抠像的视频添加到轨道上，并保持视频为选中状态，在"画面"面板中打开"抠像"选项卡，勾选"智能抠像"复选框。系统随即进行智能抠像处理，在播放器窗口左上角可以看到处理进度，如图6-59所示。

图 6-59

Step 02 智能抠像处理完成后，可以在播放器窗口中查看抠出的人物图像并去除背景的效果，如图6-60所示。

图 6-60

Step 03 抠出的人物图像可以放置到不同风格的背景中，如图6-61、图6-62所示。

图 6-61

图 6-62

制作天空之镜效果

本章主要介绍了混合模式、画面透明度、画面色彩的调节，以及多种抠图工具的应用。下面综合运用所学知识制作天空之镜效果。

素材位置：配套资源 \ 第6章 \ 素材 \ 天空中的云.mp4、背影.mp4
实例效果：配套资源 \ 第6章 \ 效果 \ 天空之镜最终效果.mp4

1. 处理天空背景

本案例原始视频素材（天空中的云）的比例为横屏16：9，下面先将视频比例设置为竖屏9：16，再对视频进行裁剪。

Step 01 向剪映中导入"天空中的云"和"背影"两段视频素材，先将"天空中的云"视频添加到主轨道上。保持轨道上的视频为选中状态，单击播放器右下角的"比例"按钮，在下拉列表中选择"9：16（抖音）"，如图6-63所示。

图 6-63

Step 02 视频随即被设置为竖版，在时间线窗口的工具栏中单击"裁剪"按钮，如图6-64所示。

图 6-64

Step 03 单击"裁剪比例"按钮，选择"9：16"选项，如图6-65所示。
Step 04 调整裁剪框的位置及大小，选取保留的画面，单击"确定"按钮，如图6-66所示。

图 6-65

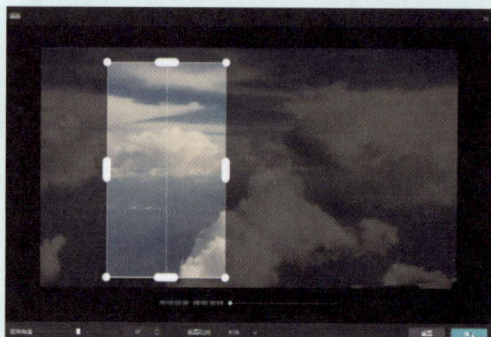

图 6-66

Step 05 在功能区中打开"调节"面板，在"基础"选项卡的"调节"组内，设置色温为"−18"、饱和度为"16"、光感为"8"，为视频调色，让画面看起来更清爽通透，如图6-67所示。

2. 添加人像

添加人物视频后，需要先从视频中抠出人像，再调整人像的大小和位置。下面使用"智能抠像"工具来抠图。

图 6-67

Step 01 将"背影"视频素材添加到轨道上，调整轨道的位置，使其在主轨道上方显示，并对两段视频的长度进行裁剪，使总时长为"00：00：03：10"，如图6-68所示。

图 6-68

Step 02 选中上方轨道上的"背影"视频，在"画面"面板中打开"抠像"选项卡，勾选"智能抠像"复选框，如图6-69所示。

Step 03 智能抠像处理完成后，上方轨道上的视频背景随即被删除，只保留人物，如图6-70所示。

Step 04 在播放器窗口中拖曳视频边角位置的控制点，放大画面并拖曳，调整人物在背景中的位置。用户也可以在"画面"面板的"基础"选项卡中设置"缩放"和"位置"参数，精确调整视频的大小和位置，如图6-71所示。

| 图 6-69 | 图 6-70 | 图 6-71 |

3. 制作人物倒影

复制人像素材，并执行旋转、镜像、设置透明度等操作，制作出人物倒影的效果。具体操作步骤如下。

Step 01 在时间线窗口中选中上方轨道上的"背影"视频，按Ctrl+C组合键，随后将时间轴移动到视频的开始位置，按Ctrl+V组合键，复制一份"背影"视频，该视频随即自动在最上方轨道上显示，如图6-72所示。

图 6-72

Step 02 选中最上方轨道上的视频片段，在"播放器"窗口中拖曳 ⊙ 按钮，将人像翻转180°，如图6-73所示。

Step 03 在时间线窗口的工具栏中单击"镜像"按钮，将人像镜像显示，如图6-74所示。

Step 04 将最上层的人像拖曳到正常站立的人像下方，如图6-75所示。

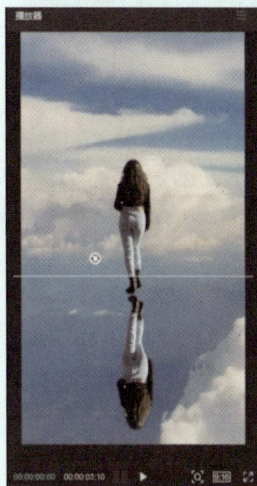

| 图 6-73 | 图 6-74 | 图 6-75 |

Step 05 保持最上层轨道上的视频为选中状态，在"画面"面板的"基础"选项卡中拖曳"不透明度"滑块，设置参数为"28%"，制作出人像的倒影效果。至此，完成天空之镜效果的制作，如图6-76所示。

Step 06 预览视频，查看天空之镜效果，如图6-77所示。

图 6-76　　　　　　　　　　　　　　　　图 6-77

科技类短视频

🔖 **知识拓展**

在各大短视频平台中，科技类短视频属于比较常见的类型，如图6-78～图6-80所示。这些视频的目标受众广泛，不仅限于对科技领域有浓厚兴趣的群体，还包括喜欢学习新知识、追求生活便利和新鲜事物的广大用户。以下是一些常见的科技类短视频的类型、特点以及适合的受众群体。

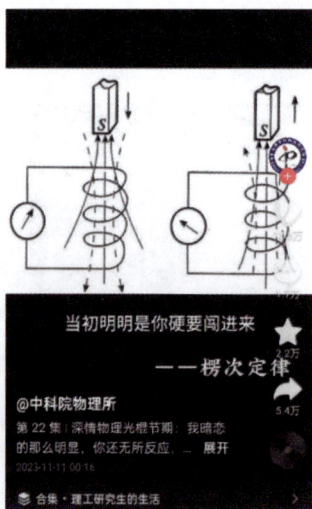

图 6-78　　　　　　　　　　图 6-79　　　　　　　　　图 6-80

● **科技新闻类**：此类短视频主要报道最新的科技新闻、科技产品和科技趋势等。特点是短小精悍、语言简练、内容更新迅速。适合关注科技动态的受众群体。

- **科技教程类**：此类短视频主要介绍各种科技产品的使用方法和操作技巧等。特点是内容详细、语言通俗易懂，并配以图表或动画。适合学习新技能的受众群体。
- **科技评测类**：此类短视频主要评测各种科技产品，包括性能测试和外观展示等。特点是客观公正、语言严谨、注重细节。适合研究新产品的受众群体。
- **科技创意类**：此类短视频主要展示各种科技创意和科技发明等。特点是新颖奇特、语言幽默风趣，并配以音乐和特效。适合热爱创新和幽默的受众群体。

在视听语言的运用上，抖音和快手中的科技类短视频各具特色。例如，许多知名账号在拍摄角度、场面调度、画面构图、声音元素的把控乃至后期特效包装上都力求新颖，以增强视频的吸引力。在软件分享、特效制作类短视频中，许多创作者追求真实自然、简约严肃的风格。视频通常采用固定镜头平视拍摄人物，营造真实对话的视听空间。画面多以暖色调为主，在视觉上拉近科技名人与受众之间的距离；在声音的运用上，多采用轻音乐配合访谈的同期声，在烘托气氛的同时，减少科技知识的枯燥感。

科技类短视频在制作方法上，首先需要确定视频的主题和内容，然后进行脚本编写。接下来是拍摄视频、编辑视频，以及添加音乐和特效等后期处理。在整个制作过程中，创作者会根据自己的风格和视频的主题选择恰当的视听语言，以更好吸引观众的注意力，并传达想要表达的信息。

第7章

短视频
音频处理

音频在短视频中起着十分重要的作用，可以增强情感表达、引导观众注意力、传递信息、营造氛围、增加趣味性，以及强化品牌形象等。因此，创作者在制作短视频时，应充分重视音频的选择和处理，以提高视频的观看体验和传播效果。

7.1 添加背景音乐

音乐在短视频中具有重要作用，恰当的音乐不仅可以推进故事情节、烘托气氛，还能带动用户情绪、引起用户共鸣、带来愉悦感，同时增强视频的信息传递效果，提高视频的观看率和分享率。

7.1.1 从音频库中添加背景音乐

剪映的音乐素材库为视频创作者提供了丰富的免费音乐资源，并根据音乐的特点进行了详细分类，如纯音乐、卡点、Vlog、旅行、悬疑、浪漫、轻快等。短视频创作者可以根据不同平台的特点和观众喜好，选择适合的音乐类型和风格，以获得更好的效果。

在剪映的音乐素材库中打开"音频"面板，在"音乐"分组中可以根据类型选择音乐，也可以直接通过关键词搜索找到所需的音乐，如图7-1和图7-2所示。

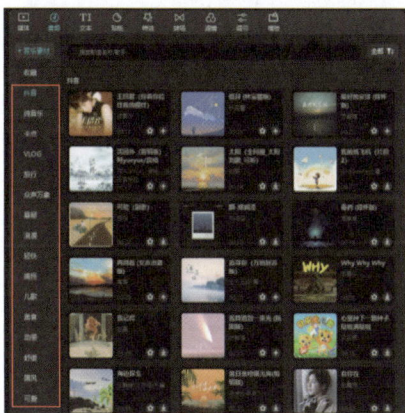
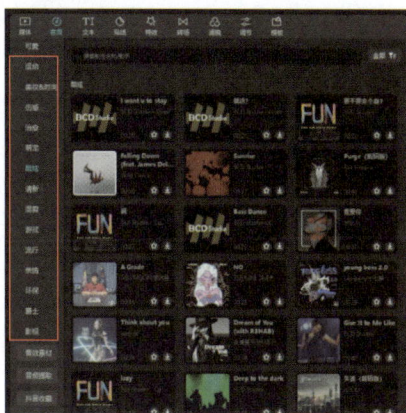

图 7-1　　　　　　　　　　　　图 7-2

为了找到与视频更加匹配的音乐，可以在音乐素材库中单击音乐文件，试听当前音乐。若要使用音乐，只需单击该音乐文件上方的 ⊕ 按钮，时间线窗口中会自动新建音乐轨道，并添加所选音乐，如图7-3所示。

图 7-3

音频素材被添加到轨道上以后，可以通过裁剪音频，自由选择音乐的起始点和结束点。在轨道上选中音频素材，将时间轴移动到要裁剪的位置，通过工具栏中的"分割""向左裁剪"和"向右裁剪"按钮，可以从时间轴位置对音频素材进行分割或裁剪。此处单击"向右裁剪"按钮，时间轴右侧的音频片段随即被裁剪掉，如图7-4所示。

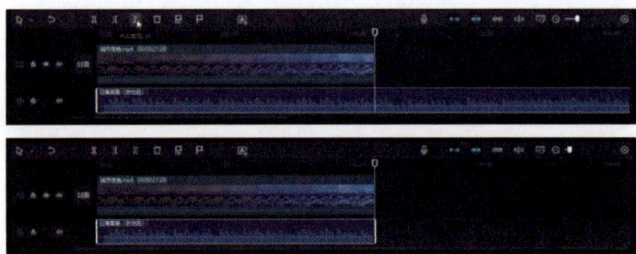

图 7-4

🔗 知识延伸 | 使用其他方法调整音频时长

用户也可以拖曳音频素材的左侧边缘或右侧边缘，对音频的开始位置或结束位置进行调整，如图7-5所示。

图 7-5

7.1.2 导入本地音乐

在剪映中编辑视频时，用户也经常需要使用自己准备的音乐素材，而导入音频的方法和导入视频的方法基本相同。

⭐ **实例：为城市夜景视频添加背景音乐**

素材位置：配套资源 \ 第7章 \ 素材 \ 城市夜晚.mp4、钢琴曲.m4a
实例效果：配套资源 \ 第7章 \ 效果 \ 添加背景音乐最终效果.mp4

Step 01 在素材区中打开"媒体"面板，单击"本地"按钮，展开该分组，在"导入"界面中单击"导入"按钮，如图7-6所示。

Step 02 在弹出的"请选择媒体资源"对话框中选择要导入的音频，单击"打开"按钮，如图7-7所示。

图 7-6

图 7-7

Step 03 所选音频随即被导入剪映中。单击该音频右下角的■按钮，即可将音频添加到轨道上，如图7-8所示。

图 7-8

7.1.3 提取视频中的音乐

如果想使用某段视频中的背景音乐，可以将该视频导入剪映中，然后提取该视频中的背景音乐。下面介绍具体操作方法。

⭐ **实例：提取视频的背景音乐**

素材位置：配套资源 \ 第7章 \ 素材 \ 夏日.mp4
实例效果：配套资源 \ 第7章 \ 效果 \ 从视频中提取的音乐.mp3

Step 01 在素材区中打开"音频"面板，单击"音频提取"按钮，在打开的界面中单击"导入"按钮，如图7-9所示。

Step 02 弹出"请选择媒体资源"对话框，选择需要提取其音频的视频，单击"打开"按钮，如图7-10所示。

图 7-9

图 7-10

Step 03 所选视频中的背景音乐会自动提取到剪映中，单击 ⊕ 按钮即可将该音频添加到音频轨道上，如图7-11所示。

图 7-11

7.2 DeepSeek 根据视频风格推荐音乐

DeepSeek可以根据用户输入的视频相关信息，如主题、风格等，推荐一系列适配的音乐作品。

7.2.1 根据视频风格推荐背景音乐

假设用户制作了一条风景展示视频，想要为视频添加背景音乐，此时可以尝试使用DeepSeek为视频推荐一些音乐。提示词中需要明确视频的风格、视频中包含的大致内容以及想要的音乐风格等。

登录DeepSeek，在对话输入框中输入提示词：我想为一条自然治愈风格的短视频添加背景音乐，视频内容包括电影级画质展现长城、梯田、极光等标志性景观，请推荐一些恢宏配乐唤醒民族自豪感。随后发送提示词，如图7-12所示。

系统随即根据提示词要求推荐音乐，如图7-13所示。

图 7-12

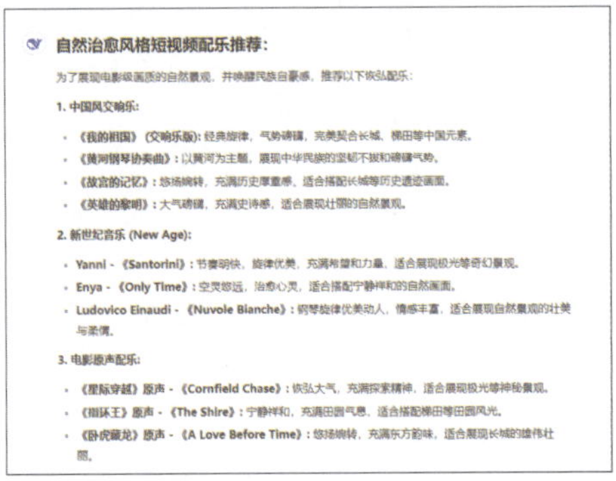

图 7-13

使用DeepSeek推荐音乐后，可以直接在剪映音乐库中搜索并使用相关音乐，下面将介绍具体操作方法。

打开剪映编辑界面，在素材区中打开"视频"面板，选择"音乐库"选项。在打开的界面顶部搜索框中输入歌曲或音乐名称，此处输入"我的祖国"，随后从弹出的推荐列表中选择所需选项（或直接按Enter键），如图7-14所示。窗口中随即显示搜索到的音乐。在某个音乐选项上方单击，可以试听该音乐，单击音乐选项右下角的 按钮，即可将音乐添加到时间线窗口，如图7-15所示。

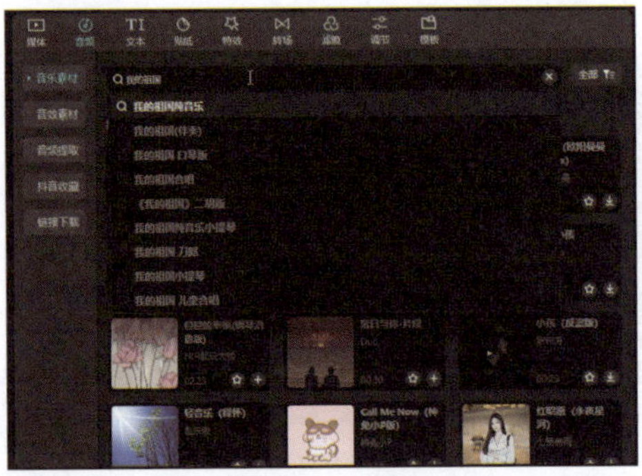

图 7-14

图 7-15

7.3 添加音效与录音

在剪映中，除了可以添加音乐素材，还可以添加音效素材以及录制声音。下面介绍具体操作方法。

7.3.1 添加音效

在视频创作中，音效具有增强现场感、渲染场景氛围、描述人物内心感受、构建场景以及增强视频趣味性等作用。适当运用音效可以使视频更加生动、有趣且富有感染力。

剪映中包含大量免费的音效素材，包括笑声、综艺、机械、悬疑、BGM、人声、转场、游戏、魔法、打斗等类型。在素材区域的"音频"面板中，单击"音效素材"按钮，可以看到所有音效类型，如图7-16所示。

下面为视频添加一段下雨的音效。在"音频"面板中，单击"音效素材"按钮，选择"环境音"选项。在展开的界面中包含多个下雨声的音效。用户可以单击这些音效进行试听。在试听过程中，剪映会自动下载该音效并以缓存形式存储。缓存成功后，音效右下角会出现██按钮，单击该按钮即可将音效添加到轨道上，如图7-17所示。

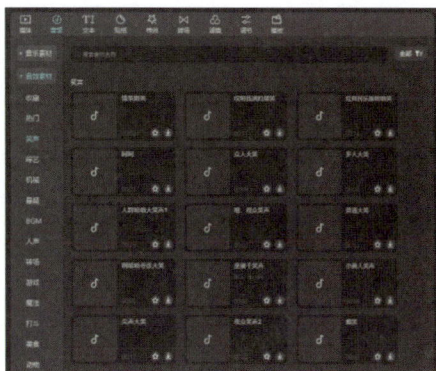

图 7-16

图 7-17

用户可以通过关键词搜索自己需要的音效。例如，在"音效素材"界面顶部的搜索框中输入"海浪"，按Enter键，即可搜索到所有与海浪声相关的音效素材，如图7-18所示。

图 7-18

7.3.2 录制声音

剪映中的"录音"功能允许用户在剪辑视频的过程中录制自己的声音，为视频内容提供更多的创作空间。在时间线窗口中，将时间轴移动到开始录制声音的时间点，在工具栏中单击"录音"按钮，如图7-19所示。

图 7-19

系统随即弹出"录音"对话框，如图
7-20所示。勾选"回声消除"和"草稿静
音"复选框，单击"点击开始录制"按钮，
便开始录制声音，如图7-21所示。

在录制过程中，"录音"对话框中会显
示当前录制的时长，如图7-22所示。录制
完成后，单击"点击结束录制"按钮，如
图7-23所示。时间线窗口中随即自动添加
音频轨道，并显示录制的声音素材，如图
7-24所示。

图 7-20

图 7-21

图 7-22

图 7-23

图 7-24

7.4 对视频原声进行处理

录制视频时，由于录制现场环境或录制设备自身问题，可能会导致视频的原声受到一定影响。此时可以对视频的声音进行处理，如调整音量、降噪、变调等。

调整音量

视频的音量可以根据需要进行放大或减小。在剪映中调整音量的方法有多种，以下是具体操作方法。

1. 在轨道上调整音量

无论是带原声的视频还是纯音频素材，被添加到剪映中的轨道后，素材上方都会显示一条代表音量的横线。将鼠标指针移动到横线上方，当鼠标指针变成双向箭头时，按住鼠标左键拖曳即可快速调整音量，向上拖曳为放大音量，向下拖曳为减小音量，如图7-25所示。

图 7-25

2. 在功能区面板中设置音量

带原声的视频素材和纯音频素材的音量调节工具所在位置有所不同。以下是具体介绍。

（1）设置纯音频素材的音量

在轨道上选中音频素材，在功能区的"基础"
面板中拖曳"音量"滑块可以调整音量大小，如
图7-26所示。向左拖动滑块减小音量，向右拖动
滑块增加音量。

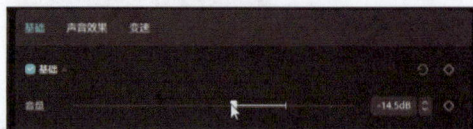

图 7-26

（2）设置视频原声的音量

在轨道上选中包含原声的视频素材，在功能区中打开"音频"面板，在"基础"选项卡中拖曳"音量"滑块即可调整音量大小，如图7-27所示。

图 7-27

7.4.2 音频降噪

"音频降噪"功能可以减少视频中的环境噪声、电流声等不必要的杂音，提高音频的质量和清晰度。在轨道上选中带有原声的视频，在功能区中打开"音频"面板，在"基础"选项卡中勾选"音频降噪"复选框，即可自动为所选视频中的声音降噪，如图7-29所示。

图 7-29

和调整音量相同，若需对音频素材进行降噪，可在轨道上选中音频素材后，在功能区中找到"基础"面板，并勾选"音频降噪"复选框即可，如图7-30所示。

图 7-30

7.4.3 音频变速

"音频变速"功能通过延长或缩短音频的总时长，实现放缓或加速声音的效果。在轨道上选中音频素材后，可在功能区中打开"变速"面板，拖动"倍数"滑块即可设置音频变速，如图7-31所示。

音频的默认播放速度为1.0x，向左拖动"倍数"滑块时，参数值变小，音频播放速度会减缓，此时音频的总时长会相应增加。向右拖动"倍数"滑块时，参数值变大，音频播放速度会加快，此时音频的总时长会相应缩短。

图 7-31

对于视频中的原声，其变速与画面是同步的。在轨道上选中视频片段后，可在功能区中打开"变速"面板，在"常规变速"选项卡中拖曳"倍数"滑块，可以调整视频和原声变速，如图7-32所示。切换到"曲线变速"选项卡，还可以为视频设置曲线变速，如图7-33所示。

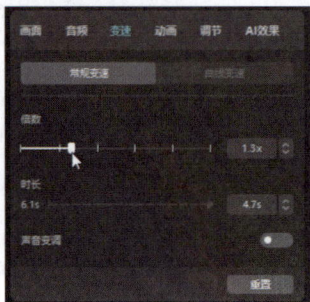
图 7-32

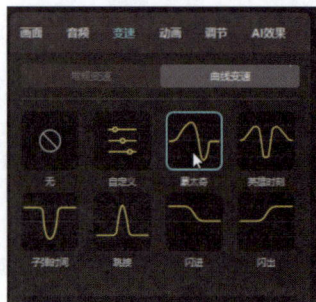
图 7-33

7.4.4 声音变调

剪映支持对音频进行"声音变调"处理，即改变视频中声音的音调。声音变调只有在音频变速的情况下才能实现。在轨道上选中音频素材，在功能区中打开"变速"面板，拖曳"倍数"滑块设置音频变速，然后打开"声音变调"开关，所选音频随即自动改变音调，如图7-34所示。

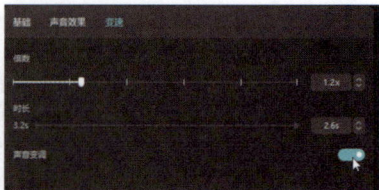
图 7-34

7.4.5 关闭原声

编辑视频时，若不想使用视频原声，可以将原声关闭。操作方法非常简单，只需在视频轨道左侧单击"关闭原声"按钮，该轨道上所有视频的原声即可被关闭，如图7-35和图7-36所示。

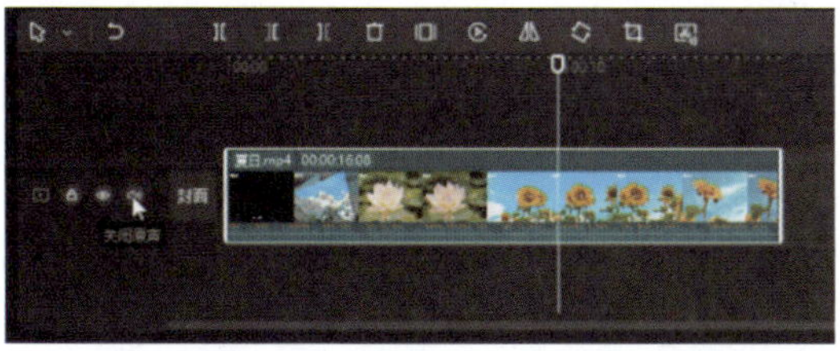

图 7-35 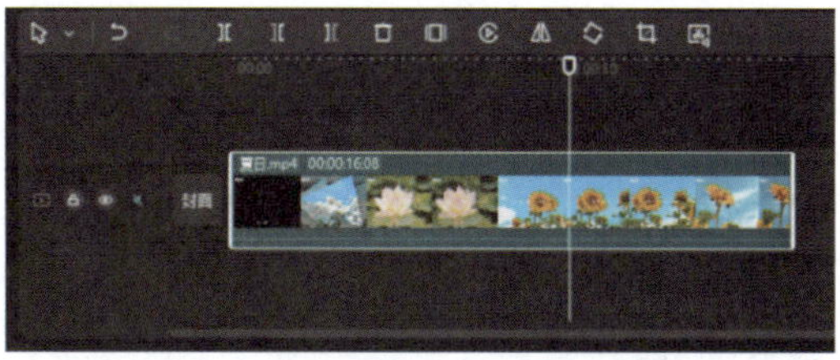　　　　　　　　　　　　　　　图 7-36

7.5　音频素材进阶操作

　　为了让视频中的声音和画面更加匹配，还可以对音频素材进行更多设置。例如，设置音画分离、音频淡入淡出、音频踩点等。

7.5.1　音画分离

　　为了方便对视频的画面或声音进行单独编辑，可以将视频的原声与画面分离。在轨道上鼠标右键单击视频素材，在弹出的快捷菜单中选择"分离音频"选项，如图7-37所示。视频中的音频随即被分离出来，并自动显示在下方的音频轨道上，如图7-38所示。

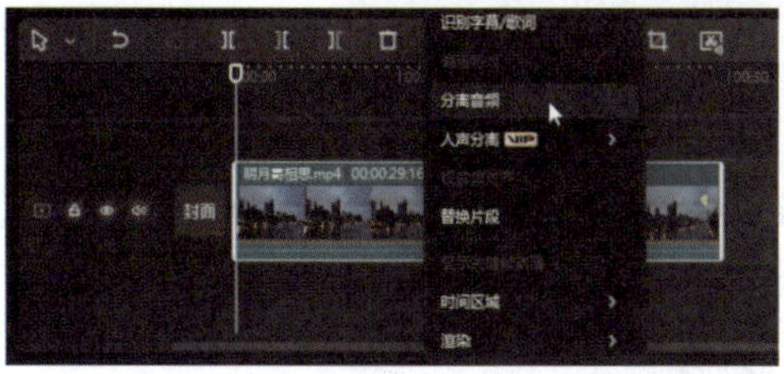

图 7-37　　　　　　　　　　　　　　　图 7-38

7.5.2　音频淡入淡出

　　为视频添加背景音乐时，为了防止音乐突然出现和消失显得突兀，可以为音频设置淡入和淡出效果。淡入可以让声音逐渐从无到有，淡出可以让声音逐渐从有到无，使音频的起始和结束更加自然，如图7-39所示。

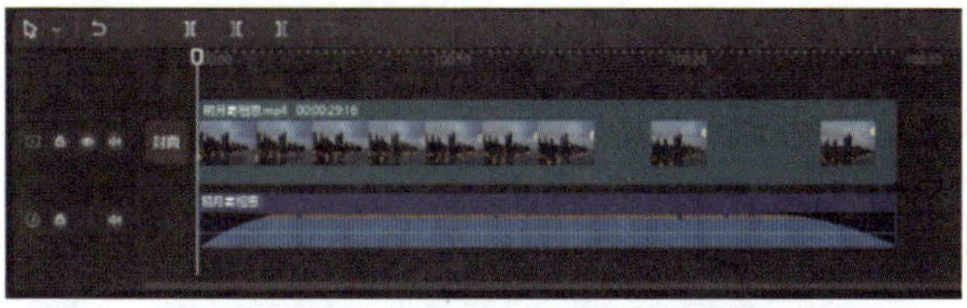

图 7-39

　　在时间线窗口中，当鼠标指针移动到音频素材上方时，音频素材两端会分别显示一个圆形的控制点。这两个控制点即为淡入和淡出控制点，用于设置音频的淡入或淡出效果。下面以设置音频淡出效果为例，将鼠标指针移动到音频结束位置的淡出控制点上方，鼠标指针变成白色双向箭头，如图7-40所示。按住鼠标左键拖曳，即可为音频设置淡出效果，如图7-41所示。

图 7-40　　　　　　　　　　　　　　　图 7-41

除了直接在轨道上设置音频的淡入、淡出效果，也可以将音频素材选中，在功能区的"基础"面板中设置"淡入时长"和"淡出时长"，为所选音频添加淡入和淡出效果，如图7-42所示。

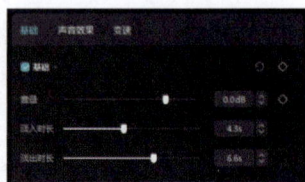

图 7-42

7.5.3 音频踩点

音频踩点是指跟随音乐节奏，在音乐的节奏、旋律、节拍等元素的基础上，将视频画面按照音乐的节奏进行剪辑，以达到画面与音乐完美同步的效果。

剪映支持自动踩点和手动踩点。若选择自动踩点，还可以设置合适的频率。在时间线窗口中选中音频素材，在工具栏中单击"自动踩点"按钮，在下拉列表中可以根据需要选择"踩节拍|"或"踩节拍‖"。"踩节拍|"的自动踩点频率要低于"踩节拍‖"，如图7-43所示。

踩节拍 | 效果

踩节拍 ‖ 效果

图 7-43

若要为音频手动踩点，可以将音频素材选中，然后将时间轴移动到需要踩点的位置，在工具栏中单击"手动踩点"按钮，如图7-44所示。时间轴位置随即被添加一个踩点标记，如图7-45所示。

图 7-44

图 7-45

知识延伸 | **删除踩点标记**

为视频踩点后，若要单独删除某个踩点标记，则将时间轴移动到该踩点标记上，在工具栏中单击"删除踩点"按钮█，将其删除。若要删除所有踩点标记，则单击"清空踩点"按钮█。

制作音乐卡点视频

音乐卡点视频是目前十分流行的一种短视频形式，其主要特点是视频的画面切换与背景音乐的节奏相契合。在制作卡点视频时，剪辑者需要根据音乐的节奏，精确地切换不同的视频片段，使画面与音乐节奏完美同步，从而创造出独特的观赏体验。下面介绍制作卡点视频的步骤。

素材位置：配套资源 \ 第7章 \ 素材 \ 动物（文件夹）
实例效果：配套资源 \ 第7章 \ 效果 \ 音乐卡点视频最终效果.mp3

1. 添加素材

Step 01 将准备好的用于制作卡点视频的素材放入一个文件夹中，按Ctrl+A组合键，将文件夹中的所有视频选中，并拖入剪映"媒体"面板的"本地"界面中，如图7-46所示。

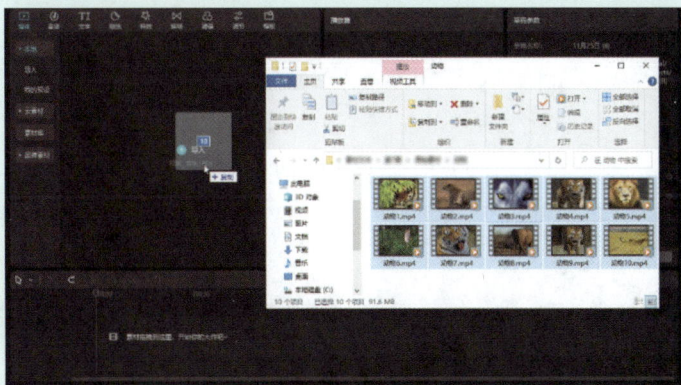

图 7-46

Step 02 当所有视频素材处于选中状态时，单击任意视频上方的 按钮，所有视频随即被添加到主视频轨道上，如图7-47所示。

图 7-47

Step 03 在素材区中打开"音频"面板，单击"音乐素材"按钮，在打开的页面顶端搜索框中输入要使用的音乐名称，按Enter键进行搜索。在搜索到的结果中单击第一个音乐素材上方的 按钮，将该音乐素材添加到音频轨道上，如图7-48所示。

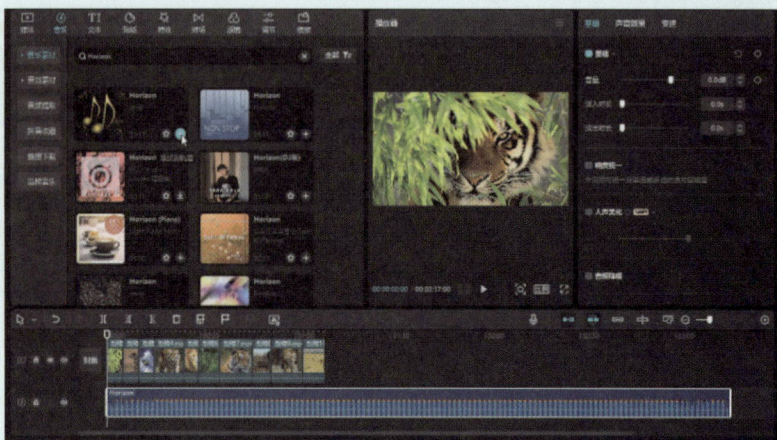

图 7-48

2. 视频踩点

Step 01　在轨道上选中音频素材，将时间轴定位于00：00：14：05时间点，在工具栏中单击"向左裁剪"按钮，删除不需要的音乐，如图7-49所示。

Step 02　将音频素材拖回音频轨道最左侧，并保持选中状态，在工具栏中单击"自动踩点"按钮，在下拉列表中选择"踩节拍||"选项，如图7-50所示。

图 7-49

图 7-50

Step 03　音频素材随即被添加踩点标记，在视频轨道上选中第一个视频素材，将鼠标指针移动至该素材末尾处，当鼠标指针变成黑色双向箭头时，按住鼠标左键向左拖曳，将结束位置对齐第三个节拍点，如图7-51所示。

图 7-51

Step 04　参照上一步骤，调整下一段视频素材的结束位置，每个视频素材中间空一个节拍点，如图7-52所示。

图 7-52

Step 05 参照上述步骤，继续调整剩余视频素材的时长，将所有视频对齐到相应的音乐节拍点，如图7-53所示。

图 7-53

Step 06 选中音频素材，将时间轴移动到最后一段视频的结束位置，在工具栏中单击"向右裁剪"按钮，删除多余的音乐，如图7-54所示。

图 7-54

Step 07 将鼠标指针移动到音频素材上方，拖曳结束位置的圆形淡出按钮，设置音乐淡出时长为0.5s，如图7-55所示。

图 7-55

3. 添加转场

Step 01 在视频轨道上选中第二个视频素材，在素材区中打开"转场"面板，单击"转场效果"按钮，选择"运镜"选项，单击"推进"转场右下角的^{图标}按钮，如图7-56所示。

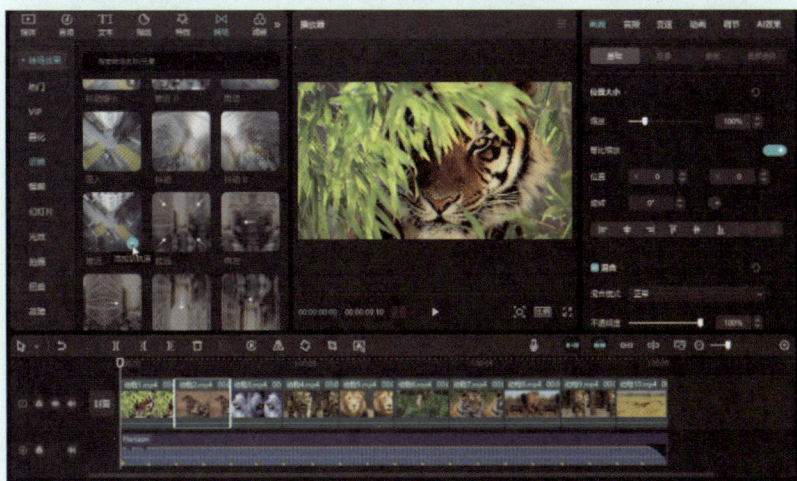

图 7-56

Step 02 前两个视频素材之间随即自动添加相应转场效果，在功能区的"转场"面板中单击"应用全部"按钮，即可将当前转场效果应用到所有视频片段之间，如图7-57所示。

图 7-57

4.添加特效

Step 01 将时间轴移动到轨道最左侧，在素材区中打开"特效"面板，单击"画面特效"按钮，选择"热门"选项，单击"抖动"特效右下角的 ⊞ 按钮，向轨道上添加该特效，如图7-58所示。

图 7-58

Step 02 拖曳特效素材的右侧边线，使素材的结束位置与下方的视频和音频结束位置相同。至此完成卡点视频的制作，如图7-59所示。

图 7-59

预览视频，查看卡点视频的效果，如图7-60所示。

图 7-60

知识拓展   美妆类短视频

美妆类短视频的观看人群主要为年轻女性，她们对美妆产品和化妆技术感兴趣，希望通过短视频学习化妆技巧、了解美妆新品和美妆趋势。当然也有部分男性观众对美妆类短视频表现出兴趣，他们通常是为了了解如何为女性亲友选择合适的化妆品。

美妆类短视频通常会直观展示化妆前后的变化，给观众带来强烈的视觉冲击。实用的化妆技巧和教程也可以满足观众的学习需求。因此，这类视频一般具有直观性、实用性和多样性等特点。美妆类短视频如图7-61和图7-62所示。

图 7-61

图 7-62

在抖音、快手等短视频平台中，比较热门的美妆类短视频包括以下几种类型。

- 教程类：详细演示某一妆容或化妆技巧的步骤，通常以教学为主。
- 试色类：展示不同化妆品的颜色和效果，帮助观众选择适合自己的产品。
- 妆前妆后对比类：展示化妆前后的巨大反差，强调化妆的神奇效果。
- 产品推荐类：推荐好用的化妆品，通常包含使用体验和优点介绍。
- 化妆挑战类：参与者需要在限定时间内完成特定的化妆任务，展示他们的化妆技巧。

美妆类短视频在制作上可以参照以下要点。

- 模特的选择应与视频内容和产品相匹配，如妆容、产品特点等。
- 确保视频中化妆的每一个步骤和细节都清晰可见，可以使用特写镜头。
- 语言讲解应自然、简洁，使观众更好地理解化妆步骤和技巧。
- 使用高质量的音频和视频设备，以确保观众可以更好地看到和听到内容。
- 通过剪辑、配乐等手段增强视频的观赏性，使内容更加紧凑和有趣。

第 8 章

字幕添加
与设置

短视频的字幕可以将视频中的对话、音乐、环境声音以及一些关键信息等转化为文字，具有提高视频的可读性、辅助理解、传递重要信息、增强观看体验、增加交互性和促进文化交流等作用。本章将对短视频字幕的添加、设计以及智能应用等进行介绍。

8.1 视频字幕设计

字幕是一种将文字叠加在视频画面上显示的形式，用于补充视频内容或强调特定信息的一种手段。

8.1.1 选择字幕的表现形式

字幕的类型有很多种，以下对几种常见字幕的类型及其作用进行简单介绍。

1. 标题字幕

标题字幕主要包括片头字幕和片尾字幕，用于介绍视频作品的名称、主创团队、演员等信息。这种字幕通常简洁、醒目，能够概括视频的核心信息，让观众第一时间了解视频的主题或内容，如图8-1和图8-2所示。

图 8-1   图 8-2

2. 说明性字幕

说明性字幕主要用于解释剧情背景、人物关系、事件发展等方面的信息，以帮助观众更好理解剧情，如图8-3和图8-4所示。

图 8-3   图 8-4

3. 歌词字幕

歌词字幕通常出现在音乐电视或影视作品的歌曲场景中，主要用于呈现歌词内容，使观众能够更清晰地理解歌曲的演唱，如图8-5和图8-6所示。

图 8-5   图 8-6

4. 特效字幕

特效字幕通常采用动态特效的方式呈现，如滚动字幕、飞入飞出等特效，以增强影视作品的观赏性和视觉效果，如图8-7和图8-8所示。

图 8-7

图 8-8

5. 外挂字幕

外挂字幕是一种独立的字幕文件，通常与影视作品分开存储，可以通过加载字幕文件实现多语言翻译和字幕添加。

8.1.2 选择合适的字体

在为短视频添加字幕时，使用何种字体需要根据视频内容、受众群体、可读性、简洁性和文化背景等因素综合考虑。选择合适的字幕字体对视频内容的传达和观众的观看体验都非常重要。字幕字体的选择以及注意事项如下。

1. 根据视频风格选择字体

字体需要与视频的风格相匹配。如果视频是可爱风格，可以选择一些圆润且富有亲和力的字体；如果视频是科技风格，则可以选择一些简洁且现代的字体。

2. 选择可读性高的字体

在选择字体时，需要考虑观众的阅读体验。注意不要选择过于花哨或难以辨认的字体，以免影响观众对字幕内容的理解。

3. 常用的字体选择

在短视频制作中，字体的选择包括中文字体和英文字体的选择。常用的中文字体包括宋体、楷体和黑体等。

● 宋体字形方正，笔画横平竖直，横细竖粗，结构严谨，整齐均匀，具有极强的笔画规律性，适用于偏纪实风格以及硬朗、酷感的短视频。

● 黑体字形方正，粗犷朴素，笔画粗细一致，无装饰，横竖笔形粗细视觉相等，笔形方头方尾，黑白均匀，是最百搭、通用的字体。

● 楷体是书法艺术中的一种重要字体，具有极高的艺术价值和观赏价值。大楷笔画粗重，字形端庄质朴，呈现庄重、大气的风格，适用于庄严、古朴、雄厚的建筑景观或传统、复古风格的短视频。小楷字体笔画较为精细，字形紧凑而有法度，整体透露出精致、秀美的气质，适用于山水风光短视频以及基调柔和的小清新风格短视频。

英文字体分为衬线字体和无衬线字体。衬线字体是指一种在字的笔画开始和结束的地方有额外装饰，且笔画粗细有所不同的字体。常见的衬线字体包括Times New Roman、Georgia等。

无衬线字体则没有笔画首尾的装饰，所有笔画的粗细也相同，具有技术感和理性气质。常见的无衬线字体包括Arial、Helvetica、Calibri等。

下面介绍一些常用的字体。

- Arial：一种无衬线字体，线条简洁，字体清晰易读，适用于标题和强调文本。
- Helvetica：一种无衬线字体，具有现代感和明快感，给人冷峻、严格的印象，适用于标题。
- Times New Roman：一种衬线字体，具有传统美感，给人怀旧的感觉，适用于标题和正文。
- Calibri：微软公司开发的一种无衬线字体，具有现代感和科技感，适用于正文和标题。
- Courier New：一种等宽字体，字形整齐，适用于编程、文本框等。
- Verdana：一种无衬线字体，字形饱满，适用于小字号文本，如网页正文等。
- Georgia：一种衬线字体，具有人文气息和历史感，适用于正文和标题。
- Trebuchet MS：一种无衬线字体，具有独特的弧形字形，适用于标题和强调文本。
- Arial Black：一种粗体无衬线字体，线条粗大醒目，适用于标题和强调文本。
- Comic Sans MS：一种无衬线字体，具有卡通的感觉，适用于儿童或娱乐类型的内容。

4. 考虑字体的文化背景

在不同的文化中，人们对字体的偏好也不同。因此，创作者需要根据目标观众的文化背景和喜好选择相应字体。

5. 适当调整字体大小和颜色

在制作短视频时，需要根据屏幕尺寸和观众的观看习惯调整字体的大小和颜色。一般来说，较大的字体更容易被观众读取，而颜色鲜明的字体可以增强字幕的视觉冲击力。

6. 避免使用过多的字体样式

在同一个视频中，建议不要使用过多的字体样式，以免让观众感到混乱。如果需要使用多种字体，可以通过调整字体大小、颜色和位置等方式保持视觉上的统一性。

8.2 剪映创建字幕

在剪映中创建字幕的方法有很多种，视频创作者可以新建字幕，或使用系统提供的"花字"和"文字模板"创建字幕。

8.2.1 创建基本字幕

在剪映中剪辑视频时，可以新建文本以创建基本字幕。下面通过实例介绍具体操作方法。

★ **实例：使用默认文本素材创建字幕**

素材位置：配套资源 \ 第8章 \ 素材 \ 落霞.mp4

实例效果：配套资源 \ 第8章 \ 效果 \ 默认文本创建字幕最终效果.mp4

Step 01 在时间线窗口中，将鼠标指针移动到需要添加字幕的时间点。在素材区中打开"文本"面板，单击"新建文本"按钮。在"默认"界面中，单击"默认文本"上方的█按钮。时间线窗口中随即自动添加文本轨道，并以时间轴所在位置为起点插入文本素材，如图8-9所示。

图 8-9

Step **02** 保持文本素材为选中状态，在功能区中打开"文本"面板，可以修改"基础"选项卡顶部文本框中的内容，如图8-10所示。

图 8-10

Step **03** 在播放器窗口中拖曳字幕文本框任意一个边角上的控制点，缩放字幕，如图8-11所示。

Step **04** 将鼠标指针置于字幕中，按住鼠标左键拖曳，调整字幕位置，如图8-12所示。

图 8-11   图 8-12

Step **05** 在轨道上拖曳文本素材的左侧或右侧边缘，设置文本的开始或结束时间，如图8-13所示。

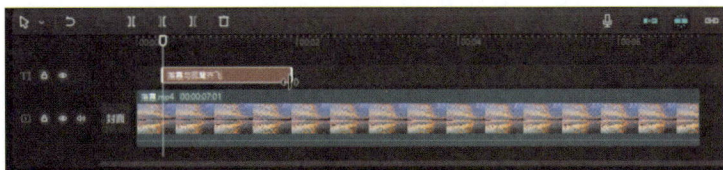

图 8-13

Step **06** 按Ctrl+C组合键复制第一段文本素材，在第一段字幕右侧适当位置定位时间轴，按Ctrl+V组合键粘贴，获得第二段文本素材，如图8-14所示。

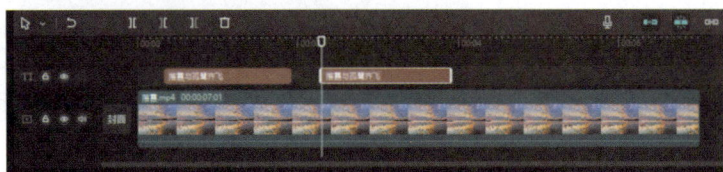

图 8-14

Step **07** 在"文本"面板的"基础"选项卡中修改第二段文本素材中的文字，第二段字幕会沿用第一段字幕的所有格式，如图8-15所示。

图 8-15

Step 08　预览视频，查看字幕的效果，如图8-16所示。

图 8-16

8.2.2　设置字幕样式

在剪映中添加字幕后，为了让字幕更贴合画面，也为了让字幕更具艺术效果，还可以对字幕的样式进行设置。

1. 设置基础字幕样式

基础字幕样式包括字体、字号、颜色、字间距等。下面通过实例介绍具体操作方法。

⭐ **实例：创建文艺范字幕**

素材位置：配套资源 \ 第8章 \ 素材 \ 海浪轻拍岩石.mp4
实例效果：配套资源 \ 第8章 \ 效果 \ 文艺范字幕最终效果.mp4

Step 01　在时间线窗口中定位好时间轴，在素材区中打开"文本"面板，在"新建文本"组下的"默认"界面中单击"默认文本"上方的➕按钮，添加文本轨道。

Step 02　保持文本素材为选中状态，在功能区中打开"文本"面板，在"基础"选项卡的文本框中输入文本内容，如图8-17所示。

Step 03　保持轨道上的文本素材

图 8-17

为选中状态，在"文本"面板的"基础"选项卡中单击"字体"下拉按钮，下拉列表中包含"全部"和"可商用"两组选项，此处选择"可商用"选项下的"鸿蒙体细"，如图8-18所示。

短视频剪辑与 AI 创作　全彩微课版　——DeepSeek+剪映

Step 04 设置字号为"5",字间距为"20",如图8-19所示。

Step 05 单击颜色下拉按钮,在展开的颜色列表中选择合适的颜色,此处设置Hex值为 "465773",如图8-20所示。

图 8-18   图 8-19   图 8-20

Step 06 在播放器窗口中拖曳文本素材,将其移动到合适的位置,如图8-21所示。

Step 07 预览视频,查看字幕的设置效果,如图8-22所示。

图 8-21   图 8-22

2. 设置创意字幕样式

用户还可以通过其他文本工具创建各种创意字幕样式,如竖排文字、发光字、文字弯曲 等。下面将通过实例介绍具体操作方法。

⭐ **实例:创建弯曲字幕**

素材位置:配套资源\第8章\素材\柠檬剖面.mp4

实例效果:配套资源\第8章\效果\弯曲字幕最终效果.mp4

Step 01 在时间线窗口中定位好时间 轴,添加默认文本素材,并在文本框中 输入文字,如图8-23所示。

Step 02 在"文本"面板的"基础"选 项卡中设置字体为"目光体"、字间距为 "2",如图8-24所示。

Step 03 勾选"弯曲"复选框,文本 框中的文字随即自动呈弯曲显示,如图 8-25所示。

图 8-23

图 8-24   图 8-25

Step 04 在播放器窗口中拖曳文本框四个边角的任意一个控制点，适当缩放文字，如图8-26所示。

Step 05 拖曳文本框下方的旋转按钮，适当旋转文本框，如图8-27所示。

图 8-26   图 8-27

Step 06 将文本拖曳到视频画面中柠檬的外侧，并在"文本"面板的"基础"选项卡中设置"弯曲程度"，使文字的弯曲程度与柠檬外侧边贴合，如图8-28所示。

Step 07 勾选"描边"复选框，"颜色"使用默认的黑色，拖曳滑块适当调整描边的粗细，如图8-29所示。

图 8-28   图 8-29

Step 08 预览视频，查看创意字幕的效果，如图8-30所示。

图 8-30

3. 字幕排版

添加字幕后可先对字幕进行排版，使字幕看起来更和谐、更美观。下面通过实例介绍具体操作方法。

⭐ **实例：排版歌词字幕**

素材位置：配套资源 \ 第8章 \ 素材 \ 滑雪.mp4
实例效果：配套资源 \ 第8章 \ 效果 \ 排版歌词字幕最终效果.mp4

Step 01 将时间轴定位于00：00：00：13时间点，插入默认文本素材，在"文本"面板的"基础"选项卡中修改文本素材中的文字内容，设置字体为"小微体"、样式为"倾斜"、缩放为"125%"，如图8-31所示。

Step 02 将时间轴定位于00：00：01：00时间点，复制文本素材。被复制出的素材随即自动显示在上方的文本轨道上，如图8-32所示。

图 8-31

图 8-32

Step 03 将时间轴定位于00：00：03：06时间点，裁剪上下文本轨道上的文本素材，使其结束时间与时间轴对齐，如图8-33所示。

图 8-33

Step 04 选中最上方文本轨道上的文本素材，在"文本"面板的"基础"选项卡中修改文字内容，设置颜色的Hex值为"FFDE00"，缩放为"90%"，如图8-34所示。

Step 05 在时间线窗口中拖曳文本框，调整字幕的位置，完成字幕的排版，如图8-35所示。

图 8-34

图 8-35

　　剪映提供了一些预设的字幕样式，用户可以使用预设样式快速改变字幕的颜色、为文字添加描边或为文本框添加背景等。

　　在"文本"面板的"基础"选项卡中找到"预设样式"组，单击"展开"按钮，如图8-36所示。此时可以看到所有预设样式，单击某个预设样式按钮，即可为所选字幕应用该样式，如图8-37所示。

图 8-36

图 8-37

8.2.3　创建花字效果

　　剪映的花字是一种非常有特色的文字特效功能，通常具有鲜艳的颜色和独特的造型，给人以强烈的艺术感，可以大大提升视频的视觉效果，使视频更加生动有趣。下面通过实例介绍花字的使用方法。

★ **实例：制作海报文字效果**

素材位置：配套资源 \ 第8章 \ 素材 \ 复仇者.mp4
实例效果：配套资源 \ 第8章 \ 效果 \ 海报文字最终效果.mp4

1. 添加花字

　　剪映内置了丰富的花字模板。打开素材区中的"文本"面板，单击"花字"按钮。在展开的分组下可以看到所有花字类型，在需要使用的花字右下角单击按钮，即可将该花字素材添加到文本轨道上，如图8-38所示。

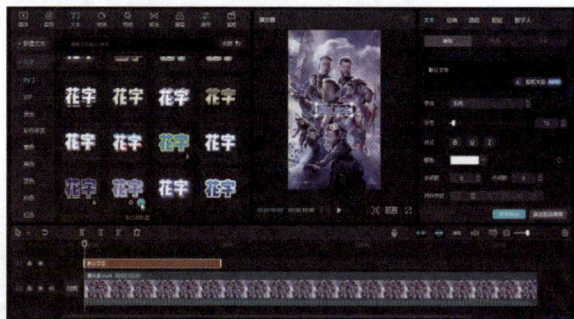

2. 设置花字样式

　　添加花字后，可以在"文本"面板

图 8-38

中修改文字内容，并设置文本样式。其操作方法与普通文本相同。

Step **01**　在轨道上选中花字素材，在"文本"面板的"基础"选项卡顶部文本框中输入文本内容，单击"字体"下拉按钮，设置字体为"正锐黑体"，然后单击■按钮设置字体倾斜，设置"字间距"为"2"，为每个文字增加间距，如图8-39所示。

Step **02**　在播放器窗口中拖曳花字文本框四个边角的任意一个控制点，适当放大花字，如图8-40所示。

将花字文本框拖曳到画面下方的合适位置，如图8-41所示。

图 8-39　　　　　　　　　　　图 8-40　　　　　　　　　　　图 8-41

3. 更改花字模板

为花字设置字体样式后，如果需要更改花字模板，但仍然想保留已应用于花字的样式，可以在"文本"面板中完成。以下是具体操作方法。

Step *01*　调整好花字文本素材的结束时间，将时间轴定位于轨道最左侧，按Ctrl+C和Ctrl+V组合键复制并粘贴一份花字文本素材，该文本素材会自动在上方文本轨道上显示，如图8-42所示。

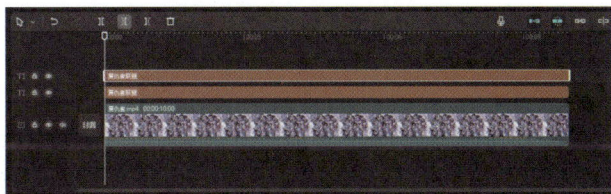

图 8-42

Step *02*　保持最上方轨道上的文本素材为选中状态，在功能区的"文本"面板中打开"花字"选项卡，重新选择一个花字模板，即可替换原模板，如图8-43所示。

Step *03*　用户可以继续调整该花字的缩放比例和位置，如图8-44所示。

图 8-43　　　　　　　　　　　　　　　　　图 8-44

8.2.4 使用文字模板创建字幕

剪映为视频创作者提供了丰富的文字模板，这些模板不仅设定了创意十足的文字样式，而且大部分文字模板还自带动画效果。用户可以根据需要修改模板中的文本内容，快速获得高质量的字幕。下面通过实例介绍文字模板的使用方法。

⭐ **实例：制作旅行风格字幕**

素材位置：配套资源 \ 第8章 \ 素材 \ 机舱外.mp4
实例效果：配套资源 \ 第8章 \ 效果 \ 旅行风格字幕最终效果.mp4

Step 01 在时间线窗口中定位鼠标指针，在素材区中打开"文本"面板，单击"文字模板"按钮，展开所有文字模板分类，选择"旅行"选项。在打开的界面中找到想要使用的文字模板，单击 按钮，将其添加到文本轨道上，如图8-45所示。

图 8-45

Step 02 在轨道上拖曳文字模板素材的右侧边缘，设置其结束时间与下方视频的结束时间相同，如图8-46所示。

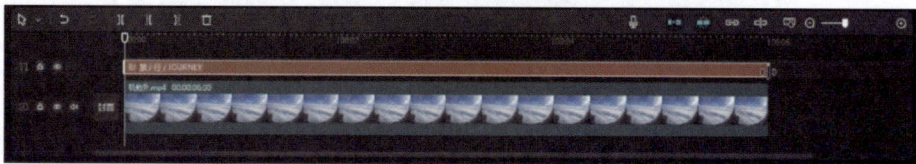

图 8-46

Step 03 保持模板文本素材为选中状态，在功能区中打开"文本"面板，在"基础"选项卡中对模板中的文字进行修改，如图8-47所示。

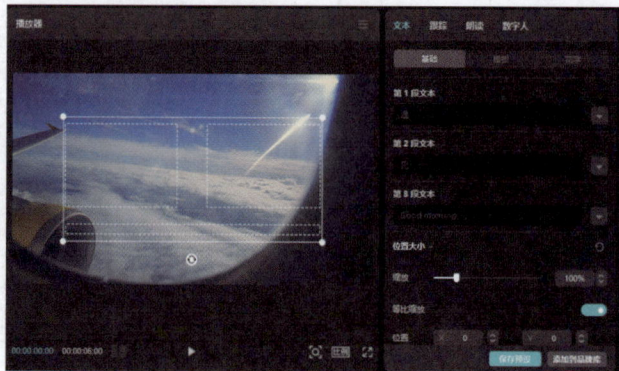

图 8-47

Step 04 向右适当拖曳时间轴，使画面中显示出文字，在播放器窗口中拖曳鼠标调整好文本框的大小和位置，如图8-48所示。

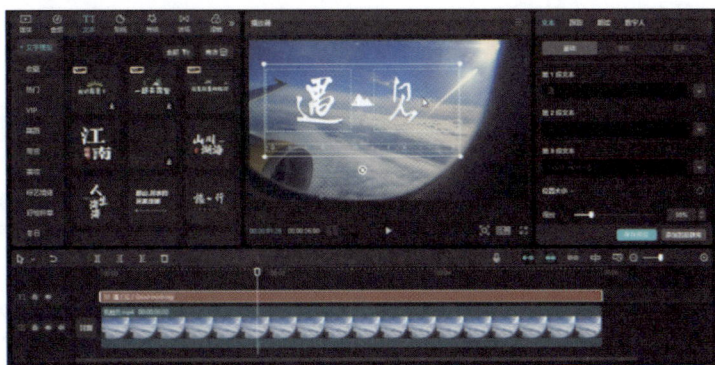

图 8-48

Step 05 预览视频，查看使用文字模板创建字幕的效果，如图8-49所示。

图 8-49

8.2.5 为字幕添加动画

创作者可以为视频中的文字添加动画，制作出动态字幕的效果。动态的字幕形式更容易吸引观众的注意力，从而增强视频的观赏性。下面介绍动态字幕的制作方法（本例字幕的制作方法请翻阅8.2.2小节中的"字幕排版"内容）。

★ **实例：为歌词字幕添加动画**
素材位置：配套资源 \ 第8章 \ 素材 \ 滑雪.mp4
实例效果：配套资源 \ 第8章 \ 效果 \ 歌词字幕添加动画最终效果.mp4

Step 01 在时间线窗口中选中下方文本轨道上的文本素材，打开"动画"面板，在"入场"选项卡中选择"向下飞入"选项，为该字幕添加入场动画，如图8-50所示。

图 8-50

Step 02 切换到"出场"选项卡，选择"渐隐"选项，为字幕添加出场动画，如图8-51所示。

Step 03 在时间线窗口中选中最顶部文本轨道上的文本素材，打开"动画"面板，在"入场"选项卡中选择"波浪弹入"动画。随后拖曳"动画时长"滑块，设置入场动画的时长为"0.8s"，如图8-52所示。

图 8-51　　　　　　　　　　　　　　　　　　　图 8-52

Step 04 切换到"出场"选项卡，选择"渐隐"选项，动画时长保持默认的"0.5s"，如图8-53所示。

图 8-53

Step 05 预览视频，查看为字幕添加动画的效果，如图8-54所示。

图 8-54

8.3 DeepSeek 创作视频字幕

DeepSeek能够根据用户描述自动创作出吸引人且贴合视频风格的文案，有效提升视频的质量和传播效果。

8.3.1 生成字幕文案

启动DeepSeek，输入下列提示词并发送：

请写一段怀念旧日时光的文案，抒情风格，能打动人心，50字内。

生成的文案如下：

红白机按键的余温，灌篮高手漫画翻页声，课桌下藏着整个盛夏。那时的我们，以为未来还远，青春不会散场。

8.3.2 用生成的文案制作字幕

用户可以使用DeepSeek生成的文案，在剪映中快速为视频创建字幕。下面将介绍具体操作方法。

在剪映创作界面中打开"文本"面板，在"新建文本"选项卡中单击"默认文本"素材上方的+按钮，在时间轴位置添加一个默认文本素材，如图8-55所示。

保持默认文本素材为选中状态，在功能区中的"文本"面板内输入使用DeepSeek生成的文案，这里先输入第一段，画面上方即可显示该文案，如图8-56所示。

图 8-55

图 8-56

8.3.3 设置字幕样式

字幕是视频画面的一部分，合理的字幕效果可以为视频增添更多的视觉元素，字幕的字体、排版、颜色等应与视频的整体风格相协调，这样可以给人一种精致、专业的感觉。

选中默认文本素材，在功能区中的"文本"面板中选择一个满意的预设样式。在"播放器"窗口中拖动文本素材边角处的任意一个控制点，将字幕缩放至合适的大小，最后将字幕拖动到画面底部，如图8-57所示。

图 8-57

保持文本素材为选中状态，按Ctrl+C组合键进行复制，将时间轴移动至下一个需要添加字幕的时间点，按Ctrl+V组合键粘贴字幕，在功能区中的"文本"面板内修改字幕内容，如图8-58所示。

图 8-58

随后继续复制文本素材，并更改文字内容，完成字幕的创建，制作完成的效果如图8-59所示。

图 8-59

8.4 剪映智能应用

在剪映中，通过各种智能工具可以自动生成字幕或将字幕自动转换为语音。下面对这些智能工具进行逐一介绍。

8.4.1 智能字幕

剪映中的"智能字幕"功能可以根据视频中的声音和音频波形自动创建字幕，并与视频的时间轴同步。"智能字幕"包含两个选项，分别为"识别字幕"和"文稿匹配"，如图8-60所示。

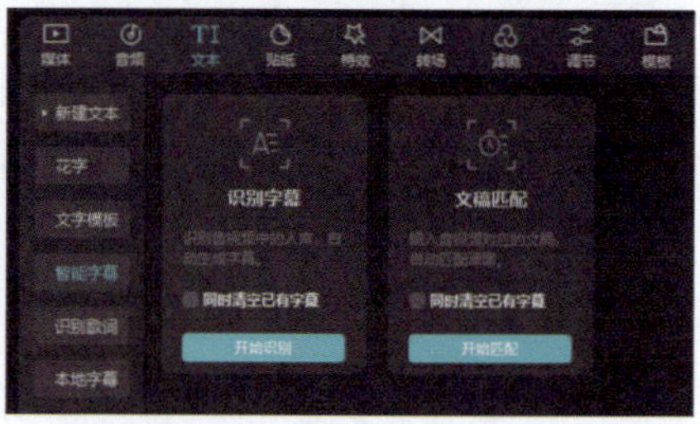

图 8-60

1. 识别字幕

"识别字幕"可以识别音频或视频中的人声，自动生成字幕。下面通过实例介绍具体操作方法。

⭐ **实例：根据视频原声识别字幕**

素材位置：配套资源 \ 第8章 \ 素材 \ 金色麦田.mp4
实例效果：配套资源 \ 第8章 \ 效果 \ 根据视频原声识别字幕最终效果.mp4

Step 01 将视频添加到视频轨道上，并保持为选中状态。打开"文本"面板，单击"智能字幕"按钮，在打开的界面中单击"识别字幕"选项中的"开始识别"按钮，如图8-61所示。

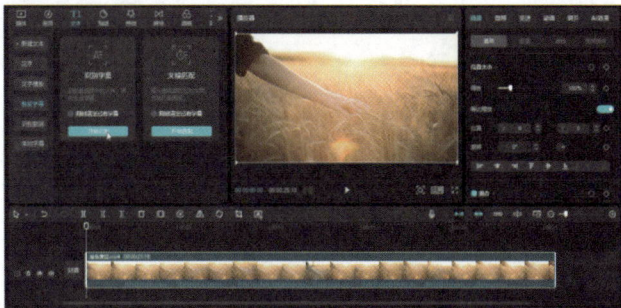

图 8-61

Step 02 剪映随即开始识别所选视频中的人声，并自动将识别到的人声转换成字幕，字幕的位置会与视频中声音的位置匹配，如图8-62所示。

图 8-62

Step 03 在轨道上选中任意一段字幕，在功能区中打开"字幕"面板，可以看到每一段字幕的详细内容。根据声音自动识别的字幕有可能会出现错别字或断句有问题的情况，此时可以在"字幕"面板中对字幕进行修改和整理，如图8-63和图8-64所示。

图 8-63

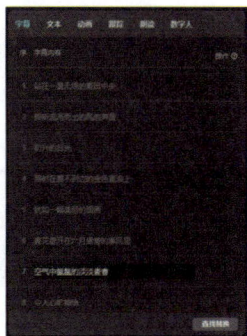

图 8-64

Step 04 自动识别的字幕默认为一个整体，设置其中一段字幕的格式后，其他字幕会自动应用相同的格式，如图8-65所示。

图 8-65

Step 05 预览视频，查看自动识别字幕的效果，如图8-66所示。

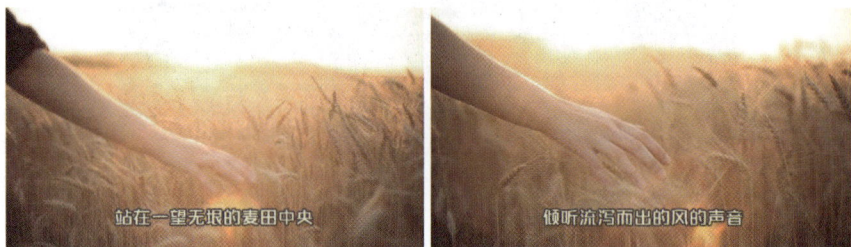

图 8-66

2. 文稿匹配

"文稿匹配"功能可以根据用户输入的文稿，自动匹配视频中的人声，生成相应的字幕。同时用户可以对字幕的样式、颜色、大小、位置等进行修改，使字幕符合自己的需求和设计风格。

⭐ **实例：用文稿生成字幕并自动匹配音频**

素材位置：配套资源＼第8章＼素材＼荷塘.mp4
实例效果：配套资源＼第8章＼效果＼文稿匹配最终效果.mp4

Step 01 将视频添加到轨道上，在素材区中打开"文本"面板，单击"智能字幕"按钮，在打开的界面中单击"文稿匹配"选项中的"开始匹配"按钮，如图8-67所示。

Step 02 打开"输入文稿"对话框，将提前制作好的字幕脚本复制到对话框中，单击"开始匹配"按钮，如图8-68所示。剪映随即开始自动识别字幕。

图 8-67

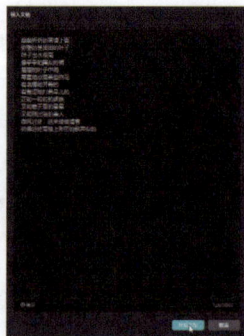

图 8-68

Step 03 字幕识别完成后，时间线窗口中会自动生成文本轨道，生成的字幕与视频中的人声完美匹配。用户可以对字幕的样式、位置、大小等进行统一调整，如图8-69所示。

图 8-69

Step 04 预览视频，查看使用文稿匹配自动生成的字幕效果，如图8-70所示。

图 8-70

8.4.2 字幕朗读

剪映中的"字幕朗读"功能可以将字幕以语音的形式呈现出来，提供多种音色供选择。视频创作者可以根据不同需求选择合适的声音为字幕配音。下面通过实例介绍具体操作方法。

⭐ **实例：使用指定声音朗读字幕**

素材位置：配套资源 \ 第8章 \ 素材 \ 月亮.mp4
实例效果：配套资源 \ 第8章 \ 效果 \ 字幕朗读最终效果.mp4

Step 01 将视频添加到轨道上，随后创建字幕。选中需要朗读的字幕，在功能区中打开"朗读"面板，选择"声音"选项以试听声音效果。此处选择"心灵鸡汤"选项，单击"开始朗读"按钮，如图8-71所示。

图 8-71

Step 02 字幕会随即自动生成，并由所选声音朗读的音频与字幕对应的位置显示在下方音频轨道上，如图8-72所示。

图 8-72

知识延伸 | 小红书与抖音平台的区别

用户也可以一次选中多段字幕进行朗读。在轨道上拖曳鼠标框选多段字幕素材（或按住Ctrl键依次单击多段字幕素材），将这些字幕素材同时选中，随后在"朗读"面板中选择要使用的声音，单击"开始朗读"按钮，即可批量朗读字幕，如图8-73所示。最后调整字幕和音频的位置，使每段字幕与对应的声音位置和时长相同，如图8-74所示。

图 8-73

图 8-74

8.4.3 歌词识别

剪映中的"歌词识别"功能可以帮助用户快速提取音频中的歌词，从而免去手动输入歌词的麻烦。

需要注意的是，该功能并非百分之百准确，对于一些口音较重或背景噪声较大的音频，识别率可能会有所下降。因此，在使用该功能时，建议选择清晰、干净的音频素材，以提高识别准确率。以下是识别歌词的具体操作方法。

⭐ **实例：自动将歌词识别为字幕**

素材位置：配套资源 \ 第8章 \ 素材 \ 生活不止眼前的苟且还有诗和远方的田野.mp4
实例效果：配套资源 \ 第8章 \ 效果 \ 歌词识别最终效果.mp4

Step 01 向剪映中导入视频，并添加到轨道上。选中视频，打开"文本"面板，单击"识别歌词"按钮，在打开的界面中单击"开始识别"按钮，如图8-75所示。

图 8-75

Step 02 识别完成后，轨道上会自动添加文本轨道，并显示歌词字幕，且字幕位置会自动与歌词中的位置对应，如图8-76所示。

图 8-76

Step 03 预览视频，查看自动识别歌词的效果，如图8-77所示。

图 8-77

知识延伸 使用其他方法识别歌词

　　除了使用"文本"面板中的"识别歌词"功能自动识别歌词外，用户也可以在轨道上鼠标右键单击视频或音频素材，在弹出的快捷菜单中选择"识别字幕/歌词"选项，自动识别歌词并转换成字幕，如图8-78所示。

图 8-78

案例实战

制作文字消散效果

　　本章主要介绍了字幕的创建与设计、字幕动画的应用，以及各种智能字幕工具的应用等。下面综合使用本章以及前面章节介绍过的功能制作文字消散效果。

素材位置：配套资源＼第8章＼素材＼霞光云雾山林.mp4
实例效果：配套资源＼第8章＼效果＼文字消散最终效果.mp4

1. 添加字幕

制作文字消散效果的第一步是添加文本字幕，并设置文字效果。下面介绍具体操作步骤。

Step 01 向剪映中导入视频，添加到轨道上，并裁剪视频长度，使视频总时长为10s。

Step 02 将时间轴移动到轨道最左侧，打开"文本"面板，在"新建文本"下的"默认"界面中单击"默认文本"上方的 按钮，添加默认文本框素材，如图8-79所示。

图 8-79

Step 03 在轨道上选中文本素材，打开"文本"面板，在"基础"选项卡中修改字幕文本为"岁月了然"，设置字体为"飞扬行书"、字间距为"-3"、缩放为"195%"，如图8-80所示。

图 8-80

Step 04 在时间线窗口中拖曳文本素材右侧边缘，设置其结束时间点至00：00：07：00位置，如图8-81所示。

图 8-81

2. 为字幕添加动画

为字幕添加动画，可以使字幕的出现和消失不会显得太过突兀。下面为字幕添加"渐显"入场动画，以及"溶解"出场动画，并适当调整动画时长。

Step 01 保持字幕素材为选中状态，打开"动画"面板，在"入场"选项卡中选择"渐显"选项，为字幕添加入场动画，如图8-82所示。

Step 02 拖曳"动画时长"滑块，设置入场动画的时长为"3.0s"，如图8-83所示。

图 8-82

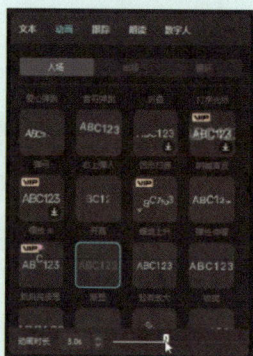

图 8-83

Step 03 在"动画"面板中切换到"出场"选项卡，选择"溶解"选项，为字幕添加出场动画，如图8-84所示。

Step 04 拖曳"动画时长"滑块，设置出场动画的时长为"3.0s"，如图8-85所示。

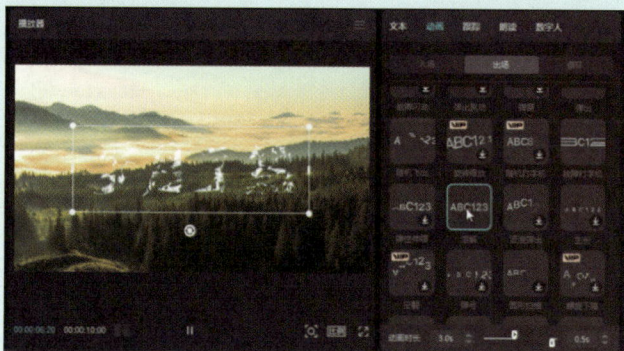

图 8-84

图 8-85

3. 制作文字消散效果

想要呈现出文字消散效果的关键是粒子消散素材的加入。下面从剪映素材库中添加"粒子消散"素材，并对该素材进行处理。

Step 01 打开"媒体"面板，单击"素材库"按钮，在打开的页面顶端搜索框中搜索"粒子消散"素材。将该素材添加到视频轨道上，如图8-86所示。

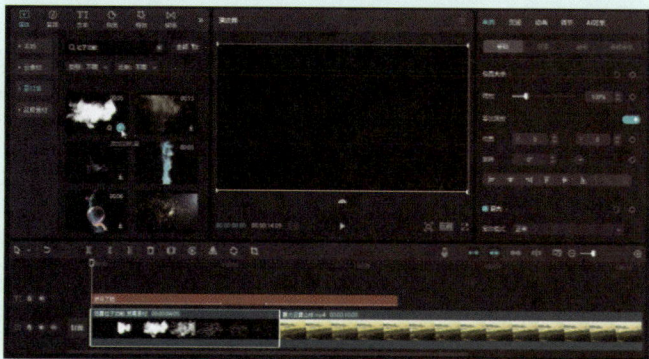

图 8-86

将"粒子消散"素材拖曳到最上方轨道上,并移动素材,使其从00:00:03:04时间点开始。

Step 03 保持"粒子消散"素材为选中状态,打开"画面"面板,设置混合模式为"滤色",如图8-87所示。

图 8-87

4. 添加音效和背景音乐

最后还需要为视频添加合适的音效和背景音乐。音效和背景音乐的添加可以提升视频的效果,让观众自然地融入视频的氛围中。

Step 01 将时间轴移动至"粒子消散"素材的开始位置,打开"音频"面板,在"音效素材"界面中搜索"突然加速"音效,随后将其添加到音频轨道上,如图8-88所示。

图 8-88

Step 02 为视频添加合适的背景音乐,并设置音乐的时长和淡出效果。至此,完成文字消散效果的制作,如图8-89所示。

图 8-89

Step 03 预览视频，查看文字消散效果，如图8-90所示。

图 8-90

标题的设置妙招

知识拓展

标题对于短视频来说有着重要的作用，如图8-91、图8-92所示。一个好的标题能够起到吸引观众注意力、传达视频核心信息、引导观众、增强品牌效应等作用。

吸引观众的注意力：好的标题能够迅速吸引观众注意力，引起他们的兴趣和好奇心，从而激发他们点击观看视频的欲望。

传达视频的核心信息：标题是视频内容的简要概括，能够向观众传达视频的主题、内容、情感等关键信息。好的标题能够准确传达视频的核心信息，使观众在快速浏览时清晰理解视频意图。

引导观众：好的标题可以引导观众深入了解视频内容，帮助他们理解视频主题，甚至引发他们的思考和讨论。

增强品牌效应：通过精心设计的标题，可以增强视频的品牌效应，提高视频的知名度和影响力，从而吸引更多观众。

图 8-91

图 8-92

短视频的标题应该具备简洁明了、突出主题、抓住用户好奇心等特点。一个好的标题应该在几秒钟内传达视频的主要信息，让观众迅速了解视频核心内容。此外，标题应该与视频风格相符，既不能过于平淡，也不能过于夸张或虚假，以免让观众感到失望或受骗。

制作短视频标题的一些要点和技巧如下。

● 了解视频风格：首先需要明确视频的风格和主题，以便为视频选择合适的标题。如果视频是一个搞笑段子，可以选择幽默搞笑的标题；如果视频是抒情的歌曲MV，可以选择感性浪漫的标题。

● 选择关键词：挑选能够准确描述视频内容的关键词，这些关键词可以涵盖视频主题、内容或情感。例如，"搞笑""感人""浪漫"等词汇都是不错的选择。

● 突出特点：根据视频的特点选择一个能够突出这些特点的标题。如果视频是品牌广告，可以选择突出品牌特点的标题；如果视频是旅游宣传片，可以选择突出旅游景点特点的标题。

● 考虑观众需求：需要关注观众的需求和兴趣点，选择一个能够吸引他们的标题。如果观众是年轻人群体，可以选择时尚、流行的标题；如果观众是家庭主妇群体，可以选择实用、生活化的标题。

第9章

转场效果添加

转场是十分重要的视频剪辑技术，也是提升视频质量和观赏性的重要手段之一。合理应用转场能够起到提升视频的连贯性、增强视觉效果、引导观众注意力、调整视频节奏、营造氛围等作用。本章将对常见的视频转场方式，以及为短视频添加转场的方法进行介绍。

转场是指两个场景（段落）之间的过渡或转换。在视频制作中，转场是用来连接两个不同场景的重要手段。合理的转场可以使视频内容更加流畅、连贯、富有节奏感，同时也能提高视频的整体质量。

9.1.1 无技巧转场

无技巧转场是指场景的过渡不依靠后期的特效制作，而是在前期拍摄时进行精心设计和规划，利用镜头语言、动作、声音、光线等因素来创造视觉上的关联和过渡，并在后期剪辑阶段通过对镜头进行组接，使两个场景实现视觉上的流畅转换。常见的无技巧转场有以下几种类型。

1. 直切式转场

直切式转场是指将两个镜头的画面直接连接在一起。这种转场方式强调两个画面之间的直接切换，给观众一种突然的视觉体验。在电影剪辑中，直切式转场常用于表现时间的流逝、场景的快速切换或突出某个特定的瞬间。直切式转场效果如图9-1所示。

图 9-1

2. 相似物转场

相似物转场是一种利用相似物体进行场景转换的技巧。它通过在两个场景之间插入一个与前后场景中元素相似的图像或物体，产生平滑过渡的效果。这种转场方式经常用于电影、电视剧和广告中，以营造视觉上的连贯性和流畅性。相似物转场效果如图9-2所示。

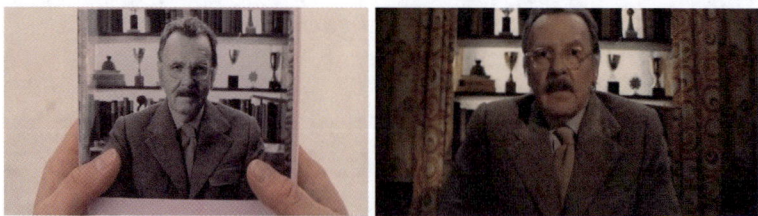

图 9-2

3. 动作转场

动作转场是利用前后两个镜头中人物或物体动作的相似性进行转场。例如，上一个镜头是小孩往空中扔书包，下一个镜头是接住同事扔过来的背包，场景就顺畅地从学校转换到工作的地方。动作转场效果如图9-3所示。

图 9-3

4. 主观镜头转场

主观镜头转场是指上一个镜头拍摄主体在观看的画面，下一个镜头接转为主体观看的对象。这种转场方式是按照前后两个镜头之间的逻辑关系处理场面转换问题，这样既显得自然，又可以引起观众的探究心理。主观镜头转场效果如图9-4所示。

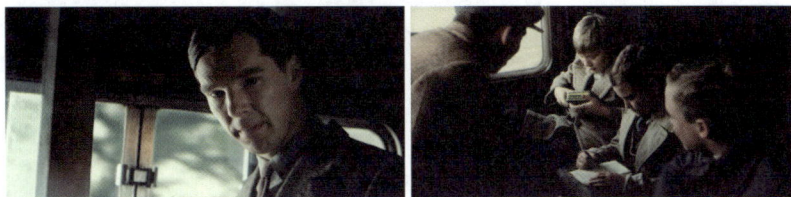

图 9-4

5. 空镜头转场

空镜头转场是指利用空镜头进行转场。空镜头是指没有人物、没有具体内容的镜头，通常用来表现环境、气氛或者作为过渡镜头使用。在视频剪辑中，利用空镜头转场可以给观众提供视觉上的停顿和思考时间，同时也可以起到调整节奏和情绪的作用。空镜头转场效果如图9-5所示。

图 9-5

6. 特写镜头转场

特写镜头转场又称"细节转场"。无论前一组镜头最后的景别是什么，后一组镜头都从特写开始。特写具有强调画面细节的特点，可暂时集中观众的注意力。因此，特写转场可以在一定程度上弱化时空或段落转换的视觉跳跃。特写镜头转场效果如图9-6所示。

图 9-6

7. 运动镜头转场

运动镜头转场是一种常见的转场方式。通过以下方式实现：摄像机不动，主体运动；摄像机运动，主体不动；或者两者均运动。这种转场方式可以创造出流畅、连续的空间变化效果，并且能够展示不同空间和环境的关联性。运动镜头转场效果如图9-7所示。

图 9-7

8. 遮挡镜头转场

遮挡镜头转场是一种特殊的转场方式。在上一个镜头即将结束时，通过拍摄主体遮挡摄像机镜头,下一个画面主体从摄像机镜头前移开,以实现场景的转换。这种转场方式能给观众带来较强的视觉冲击,也可以制造视觉上的悬念,还能使画面的节奏更加紧凑。遮挡镜头转场的效果如图9-8所示。

图 9-8

9. 声音转场

声音转场是一种利用声音元素变化来实现场景转换的技巧。它包括利用声音的相似性、声音的延续性、声音的对比性和声音先行等手法。

(1)声音的相似性:将两个场景的声音元素相互呼应,如前一个场景的声音轻轻渗透到下一个场景,引导观众的听觉在两个场景之间游走。

(2)声音的延续性:前一个场景的声音在结束时逐渐淡出,下一个场景的声音则在此时逐渐浮现,形成一种声音上的无缝衔接,使观众感受到两个场景之间的连续性。

(3)声音的对比性:通过两个场景声音的差异来强调场景的变化。例如,安静的室内突然切换到嘈杂的街头,这种声音的对比能够引导观众注意场景的转换。

(4)声音先行:画面尚未切换,下一个场景的声音已经悄然出现。这种手法常用于需要快速切换的场景,例如动作片中的追逐戏或爆炸场面。

9.1.2 有技巧转场

有技巧转场是指在两个场景之间使用某种特效进行转场,以实现平滑过渡并丰富画面效果。有技巧转场的类型多种多样,例如叠化、模糊、擦除、扭曲等,如图9-9所示。这些特效既可以单独使用,也可以组合使用,以达到更好的转场效果。在选择特效转场时,需要根据前后场景的内容和形式选择适合的特效进行过渡,从而实现自然流畅的效果。

叠化转场效果

模糊转场效果

擦除转场效果

扭曲转场效果

图 9-9

短视频剪辑与 AI 创作 全彩微课版 ——DeepSeek+剪映

在短视频剪辑中，比较常见的特效转场方式如下。

- 叠化：将前后两个镜头相互叠加，前一个镜头画面慢慢隐去，后一个镜头画面逐渐显现。
- 翻转：镜头画面以中心轴进行旋转，前一个镜头画面从正面消失，后一个镜头画面从背面转向正面。
- 模糊：模糊转场是通过对镜头进行模糊处理来达到平滑过渡的效果。这种转场方式通常用于表现时间流逝、场景快速切换或视觉突兀变化。
- 扭曲：这种转场方式可以通过对画面进行扭曲变形，产生不自然的效果，以吸引观众注意力或营造特殊氛围。
- 幻灯片：幻灯片转场是一种利用幻灯片特效实现转场效果的特殊方式。常用的幻灯片转场方式包括擦除、移动、滑动、百叶窗和形状遮罩等。
- 光效：这种转场方式通过在两个场景之间插入光效元素，如光晕、光斑、光线等，使画面产生光效转场的视觉效果。

9.2 添加视频转场效果

剪映中提供了丰富的转场素材和转场特效，视频剪辑者可以根据视频的风格，以及拟定好的剪辑思路为视频添加转场效果。

9.2.1 使用内置转场效果

剪映内置有丰富的转场效果，包括叠化、运镜、模糊、幻灯片、光效、拍摄、扭曲、故障、分割、自然、MG动画、互动Emoji、综艺等类型。视频剪辑者只需通过简单的操作便可以为视频添加各种转场效果。下面通过实例介绍内置转场效果的使用方法。

📤 **实例**：为所有视频设置"渐变擦除"转场
素材位置：配套资源 \ 第9章 \ 素材 \ 转场视频素材（文件夹）
实例效果：配套资源 \ 第9章 \ 效果 \ 使用内置转场最终效果.mp4

Step 01 向剪映中导入视频素材，并添加到轨道上。将时间轴移动到需要添加转场效果的两段视频素材之间，如图9-10所示。

Step 02 在素材区中打开"转场"面板，在"转场效果"组中选择"叠化"选项，单击"渐变擦除"右下角的🞥按钮，时间轴所在位置的两段视频素材之间随即添加相应的转场效果，如图9-11所示。

图 9-10

图 9-11

Step 03 添加转场效果后，功能区中自动显示"转场"面板。在该面板中拖曳"时长"滑块，可以调整转场效果的时长，如图9-12所示。

Step 04 在"转场"面板右下角单击"应用全部"按钮，可以将当前转场效果应用到所有视频片段之间，如图9-13所示。

图 9-12

图 9-13

Step 05 预览视频，查看渐变擦除转场效果，如图9-14所示。

图 9-14

9.2.2 使用素材片段进行转场

剪映素材库中提供了许多转场素材，这些转场素材通常自带动画和音效。用户可以在两段视频之间添加内置的转场素材，制作转场效果。下面通过实例介绍内置转场素材的使用方法。

⭐ **实例：添加"白色气体流动效果"转场**

素材位置：配套资源\第9章\素材\洗水果.mp4、水果沙拉.mp4

实例效果：配套资源\第9章\效果\用素材片段进行转场最终效果.mp4

Step 01 向剪映中导入"洗水果"和"水果沙拉"两段视频素材，并添加到轨道上，如图9-15所示。

Step 02 打开"媒体"面板，单击"素材库"按钮，选择"转场"选项，在打开的界面中选择合适的转场素材，这里选择"白色气体流动"效果并单击🔳按钮，转场素材随即添加到视频轨道上，如图9-16所示。

图 9-15

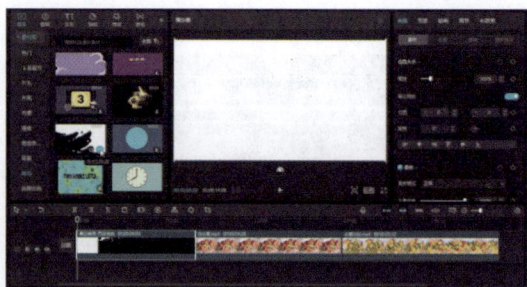

图 9-16

Step 03 将转场素材拖曳到上方轨道，并调整其位置，使转场动画正好覆盖下方两段视频的连接处，如图9-17所示。

图 9-17

Step 04 预览视频，查看使用内置转场素材制作的转场效果，如图9-18所示。

图 9-18

9.2.3 使用自带特效进行转场

使用剪映自带特效可以制作出过渡自然的转场效果。例如，有城市白天和城市夜晚两段视频，如果两段视频直接切换转场，就会显得很跳跃突兀。通过使用自带特效，可以让转场更加流畅自然。

⭐ **实例：使用"关月亮"特效进行转场**

素材位置：配套资源 \ 第9章 \ 素材 \ 城市白天.mp4、城市夜晚.mp4
实例效果：配套资源 \ 第9章 \ 效果 \ 用自带特效进行转场最终效果.mp4

Step 01 在剪映中添加"城市白天"和"城市夜晚"视频，并将其添加到轨道上，如图9-19所示。

Step 02 将时间轴移动到第一段视频结束前大约1s的位置，在素材区中打开"特效"面板，在"画面特效"组中选择"氛围"选项，添加"关月亮"特效，如图9-20所示。

图 9-19

图 9-20

Step 03 调整特效时长，使其结束位置与下方轨道上第一段视频的结束位置相同，如图9-21所示。

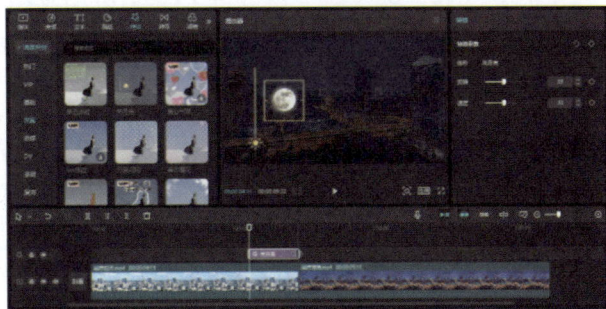

图 9-21

Step 04 预览视频，查看使用剪映内置特效为视频添加转场的效果，如图9-22所示。

图 9-22

9.2.4 使用动画进行转场

为视频添加动画也可以制作各种有创意的转场效果。下面通过实例介绍如何使用"渐隐"和"渐显"动画制作丝滑的无缝转场效果。

⭐ **实例：使用"渐隐"和"渐显"动画制作转场效果**
素材位置：配套资源 \ 第9章 \ 素材 \ 夏秋天树叶飘落.mp4、落叶走路腿部特写.mp4
实例效果：配套资源 \ 第9章 \ 效果 \ 动画转场最终效果.mp4

Step 01 向剪映中导入两段视频素材，并添加到轨道上，如图9-23所示。

图 9-23

Step 02 将轨道上的第二段视频拖曳到上方轨道上，使其开始位置与主轨道上视频结束前约2s的位置对齐，如图9-24所示。

图 9-24

Step 03 选中主轨道上的视频，在功能区中打开"动画"面板，切换到"出场"选项卡，选择"渐隐"动画，设置动画时长为"2.0s"，如图9-25所示。

图 9-25

Step 04 选中上方轨道上的视频,打开"动画"面板,在"入场"选项卡中选择"渐显"动画,设置动画时长为"2.0s",如图9-26所示。

Step 05 预览视频,查看使用动画进行转场的效果,如图9-27所示。

图 9-26

图 9-27

案例实战

制作抠像转场效果

抠像转场是一种特殊的视频过渡效果,可以对后面一段视频中的主体进行抠像,然后从前面一段视频平滑过渡到后面一段视频画面中。在制作抠像转场效果时会用到多种技巧,下面介绍具体操作方法。

素材位置:配套资源\第9章\素材\海滨.mp4、海上小岛.mp4
实例效果:配套资源\第9章\效果\抠像转场最终效果.mp4

1. 处理素材

向剪映中导入视频素材后,首先需要通过分割、裁剪、复制对视频素材进行处理,为抠像转场做好准备。

Step 01 向剪映中导入视频素材,并添加到主轨道上,如图9-28所示。

Step 02 在轨道上选中第二段视频素材,将时间轴移动到第二段视频素材的开始位置,在工具栏中单击"定格"按钮,获得一段3s的图片素材,如图9-29所示。

图 9-28

图 9-29

Step 03 选中图片素材,将时间轴移动到图片素材的中间位置,在工具栏中单击"分割"按钮,将图片分割成两部分,如图9-30所示。

第 9 章 转场效果添加

183

复制分割后的任意一段图片素材，并将其拖曳到上方轨道上，如图9-31所示。

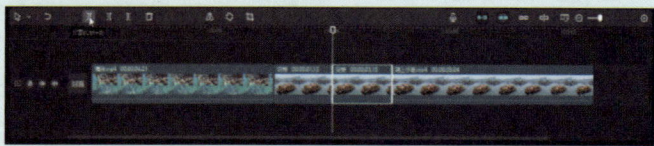

图 9-30

图 9-31

Step *05* 将主轨道上的前半段图片素材时长调整为0.5s，如图9-32所示。

Step *06* 调整上方轨道上的图片素材时长为0.8s，并调整其位置，使其稍微覆盖下方轨道上的第一段图片素材，如图9-33所示。

图 9-32

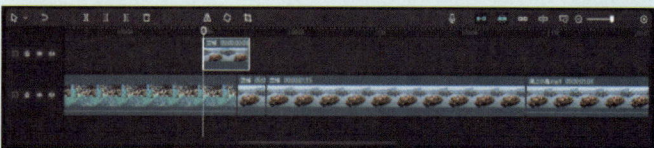

图 9-33

2. 视频抠像

使用"自定义抠像"功能抠除第二段视频中的"小岛"。下面介绍具体操作方法。

Step *01* 选中上方轨道上的图片素材，在功能区的"画面"面板中打开"抠像"选项卡，勾选"自定义抠像"复选框，随后单击"智能画笔"按钮，启动画笔。在画面中涂抹主体部分，如图9-34所示。

抠取画面细微处时，可以适当缩小画笔的大小。另外，若抠取了多余的画面，则可以使用"智能橡皮"或"橡皮擦"擦除。

图 9-34

Step 02 画面中的主体被选中后，单击"应用效果"按钮，如图9-35所示。此时自动删除背景，只保留主体，如图9-36所示。

图 9-35

图 9-36

3. 添加关键帧

为抠出的图像使用关键帧，可以制作小岛从第一段视频的画面外飞入第二段视频的艺术效果。下面介绍具体操作方法。

Step 01 选中上方轨道上的图片素材，将时间轴移动到图片末尾处。在功能区中打开"画面"面板，在"基础"选项卡中为"位置大小"添加关键帧，如图9-37所示。

图 9-37

Step 02 将时间轴移动到上方轨道上图片素材的开始位置，再次为"位置大小"添加关键帧，如图9-38所示。

图 9-38

图 9-39

Step *04* 将抠出的图像向左上角拖曳到画面之外，如图9-40所示。

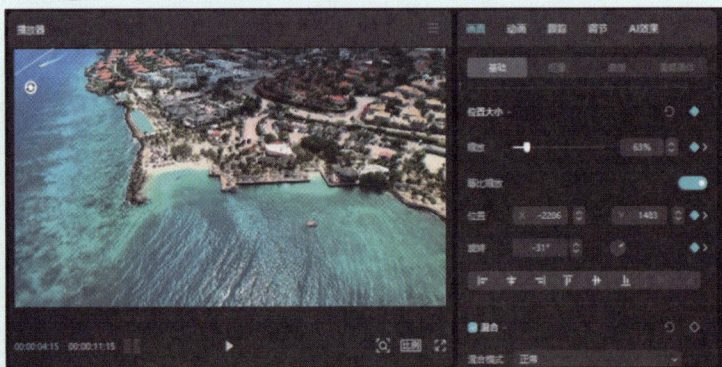

图 9-40

4. 添加特效

抠图的小岛飞回第二段视频中以后，添加"灰尘"特效，可以制作出灰尘随着小岛落
回原位时飞起的氛围感。另外，还可以在灰尘特效的对应位置添加音效，增强视频感染力。

Step *01* 在素材区中打开"媒体"面板，在"素材库"界面中搜索"灰尘"素材，并将
图9-41所示素材添加到轨道上，此时素材默认被添加到主轨道上。

图 9-41

Step 02 将灰尘素材拖曳到上方轨道上的图片素材右侧。保持灰尘素材为选中状态，在"画面"面板的"基础选项卡"中设置其混合模式为"混色"，如图9-42所示。

图 9-42

Step 03 适当调整灰尘素材的位置，并通过旋转使其与画面中的主体相贴合，如图9-43所示。

图 9-43

Step 04 将时间轴移动到灰尘素材的开始位置，打开"音频"面板，在"音效素材"界面中搜索"重物落地"，从搜索结果中添加图9-44所示音效。最后为视频添加合适的背景音乐即可。

图 9-44

图 9-45

知识拓展　　　　　导出更清晰的短视频　　　　　▶

在剪映中完成视频的剪辑后，若想导出更清晰的视频，则需要在导出界面对分辨率、码率、编码和帧率进行调整。

分辨率：在剪辑过程中，选择合适的分辨率非常重要。分辨率越高，视频画面越清晰。

码率：选择高码率可以获得更清晰的视频。如果希望进一步优化视频质量，则可以选择"自定义"选项并将数值调高。目前剪映支持的最大输入数值是"50000k bit/s"。

编码：选择"H.264"可以获得剪映输出的最高清晰度。

帧率：帧率越高，视频播放越流畅。

原始剪辑素材的清晰度也非常重要。如果导入的素材质量不高，即使经过剪辑和处理，最终导出的视频质量也不会高。因此，需要尽量使用高质量的素材进行剪辑。如果素材本身清晰度不佳，则需通过一些剪辑技巧进行适当弥补。剪映中常见的调整视频清晰度的方法有以下几种。

● **添加滤镜**：单击滤镜功能，选择清晰的滤镜，然后打开调节功能，将视频的参数调整至最佳状态。

● **避免过度放大或缩小**：在剪辑视频时，不要对视频进行过度放大或缩小，以免导致视频失真。

● **调节视频参数**：通过调节视频的亮度、饱和度、对比度、锐化等参数可以在一定程度上提高视频的清晰度。

● **避免频繁导出**：频繁导出容易导致视频质量下降，因此应尽量将导出次数控制在2~3次以内。

● **良好的网络环境**：在剪辑过程中，确保网络环境稳定，避免因网络波动和丢包等原因影响导出质量。

● **导出前预览**：在导出前预览视频，检查视频质量是否清晰，以及是否存在其他问题。

第10章

短视频制作综合实例

熟练掌握剪映的各项功能后，读者可以根据短视频制作的目标与需求，充分发挥创意和想象力，制作出独具特色的短视频。本章将综合运用所学的剪辑方法与技巧，制作更有创意的短视频。

10.1 制作"流年碎影"风景短视频

本实例将使用剪映的文本、动画、特效、音乐自动踩点、自动识别歌词和转场等功能制作"流年碎影"风景短视频，下面介绍具体操作步骤。

10.1.1 制作发光文字片头

素材位置：配套资源 \ 第10章 \ 素材 \ 流年碎影（文件夹）、曾经的你.m4a
实例效果：配套资源 \ 第10章 \ 效果 \ 流年碎影风景视频最终效果.mp4

使用剪映自带的"天使光"特效制作发光文字效果。另外，还可以为文字添加动画，使文字的出现和消失更加自然。

Step 01 将本实例所需的所有视频素材导入剪映中，并添加到主轨道上，如图10-1所示。

图 10-1

Step 02 将时间轴移动到轨道最左侧，在素材区中打开"文本"面板，在"新建文本"界面中单击"默认文本"右下角的 按钮，在视频开始位置添加默认文本素材，如图10-2所示。

图 10-2

Step 03 保持文本素材为选中状态，在功能区中打开"文本"面板，在"基础"选项卡中修改文本内容为"流年碎影"，设置缩放为"170%"，如图10-3所示。

Step 04 在轨道上调整文本素材的时长，使其结束位置在"00：00：03：18"时间点，如图10-4所示。

图 10-3

图 10-4

Step 05 保持文本素材为选中状态，打开"动画"面板，在"入场"选项卡中选择"开幕"动画，设置动画时长为"1.5s"，如图10-5所示。

Step 06 切换到"出场"选项卡，选择"闭幕"动画，设置动画时长为"1.0s"，如图10-6所示。

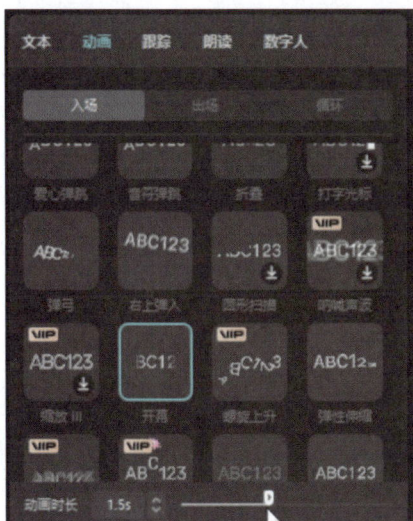

图 10-5

图 10-6

Step 07 将时间轴移动到轨道最左侧，打开"特效"面板，在"画面特效"组中选择"光"选项，在打开的界面中找到"天使光"特效，并添加到轨道上。随后调整特效的结束位置与下方文本素材的结束位置相同，如图10-7所示。

Step 08 选择"天使光"特效，将时间轴定位于"00：00：02：25"时间点，在功能区的"特效"面板中单击"强度"关键帧，如图10-8所示。

图 10-7

图 10-8

Step 09 将时间轴移动到"天使光"特效的结束位置，在功能区的"特效"面板中单击"强度"关键帧，并将强度设置为"0"，如图10-9所示。

图 10-9

Step 10 按住Ctrl键，在轨道上依次单击文本素材和第一段视频素材，鼠标右键单击所选素材，在弹出的快捷菜单中选择"新建复合片段"选项，如图10-10所示。至此，完成发光文字片头的制作。

图 10-10

10.1.2 制作音乐踩点效果

在短视频制作中，音乐踩点可以将音乐与视频画面相结合，使视频画面与音乐的节奏点相匹配，从而增强视频的节奏感和冲击力。以下是为视频添加背景音乐并制作音乐踩点效果步骤。

Step 01 向剪映中导入背景音乐，将时间轴移动到轨道最左侧，随后将背景音乐添加到音频轨道上，如图10-11所示。

图 10-11

Step 02 保持音频素材为选中状态，在工具栏中单击"自动踩点"按钮，在下拉列表中选择"踩节拍|"选项，如图10-12所示。音频素材中随即显示节拍点，如图10-13所示。

图 10-12

图 10-13

Step 03 将时间轴移动到音频素材的第一个节拍点上方，在工具栏中单击"向左裁剪"按钮，裁剪掉多余的音乐，如图10-14所示。

Step 04 在视频轨道上调整第一段视频素材的时长，使其结束位置与音频的第三个节拍点对齐，如图10-15所示。

短视频剪辑与 AI 创作（全彩微课版）——DeepSeek+剪映

图 10-14

图 10-15

Step 05 调整第二段视频素材的时长，使其从第三个节拍点开始，在第四个节拍点结束，如图10-16所示。

图 10-16

Step 06 继续调整剩余视频素材的时长，使剩余每段视频素材的时长均介于两个节拍点之间。随后删除背景音乐的多余部分，并为背景音乐设置淡出效果，如图10-17所示。

图 10-17

10.1.3 提取歌词字幕

在风景视频中提取背景音乐的歌词并生成字幕，以增强视频的感染力，提高观看体验。下面从背景音乐中提取歌词，生成字幕，并设置字幕效果和添加动画。

Step 01 在时间线窗口中鼠标右键单击背景音乐素材，在弹出的快捷菜单中选择"识别字幕/歌词"选项，如图10-18所示。

图 10-18

Step 02 背景音乐中的歌词随即被提取出来，并自动生成字幕。为了让歌词与画面更加匹配，可以根据歌词内容适当调整视频片段的位置，如图10-19所示。

图 10-19

Step 03 在时间线窗口中选中任意一段字幕，在功能区中打开"文本"面板，在"基础"选项卡中将字体设置为"醉山体"，勾选"阴影"复选框，为字幕添加阴影，如图10-20所示。

图 10-20

Step 04 在时间线窗口中拖曳鼠标全选字幕素材，打开"动画"面板，在"入场"选项卡中选择"向右擦除"选项，为所有字幕添加入场动画，如图10-21所示。

Step 05 在"动画"面板中打开"出场"选项卡，选择"展开"选项，为所有字幕添加出场动画，如图10-22所示。

图 10-21   图 10-22

10.1.4 添加无缝转场和特效

最后为所有视频片段添加转场效果，使画面切换更加自然，并添加特效，增强视频的趣味性。

Step 01 将时间轴移动到"天使光"特效结束位置，在素材区中打开"特效"选项卡，在"画面特效"组中选择"边框"选项，随后添加"录制边框"特效。在时间线窗口中调整"录制边框"特效的结束时间，使其与下方视频和音乐的结束时间相同，如图10-23所示。

图 10-23

Step 02 将时间轴定位于"00：00：03：06"时间点，在"特效"面板的"画面特效"组中选择"基础"选项，添加"泡泡变焦"特效，如图10-24所示。

Step 03 将时间轴移动到任意两段视频素材之间，在素材区中打开"转场"面板，在"转场效果"组中选择"叠化"选项，并在打

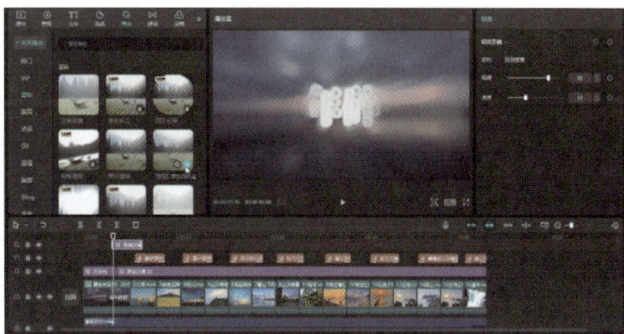

图 10-24

开的界面中添加"叠化"转场。随后，在功能区的"转场"面板中单击"应用全部"按钮，为所有视频片段应用该转场效果，如图10-25所示。至此，完成"流年碎影"风景短视频的制作。

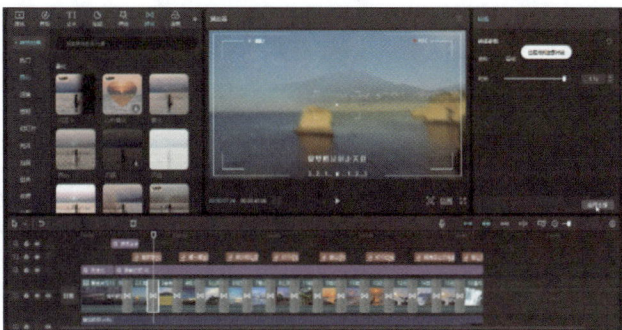

图 10-25

Step 04 预览视频，查看完整的视频效果，如图10-26所示。

图 10-26

10.2 制作电影解说短视频

电影解说类短视频通过创作者的解说和剪辑，将电影的情节、主题、人物等内容加以浓缩和提炼，形成全新的视听体验。这类短视频的主要特点是时长较短，通常在几分钟内就能让观众了解一部电影的核心内容。

素材位置：配套资源\第10章\素材\奔腾年代.mp4
实例效果：配套资源\第10章\效果\电影解说最终效果（文件夹）

10.2.1 根据脚本生成字幕和声音

在制作电影解说类短视频之前，创作者需要仔细观看并理解电影的情节逻辑，然后对电影的原始素材进行高度概括性的解说和剪辑，以形成独特的内容。这需要创作者具备良好的故事讲述能力和创新思维。创作的第一步是制作解说脚本并将脚本转换成声音。

Step 01 启动剪映，在初始界面中单击"文字成片"按钮，如图10-27所示。

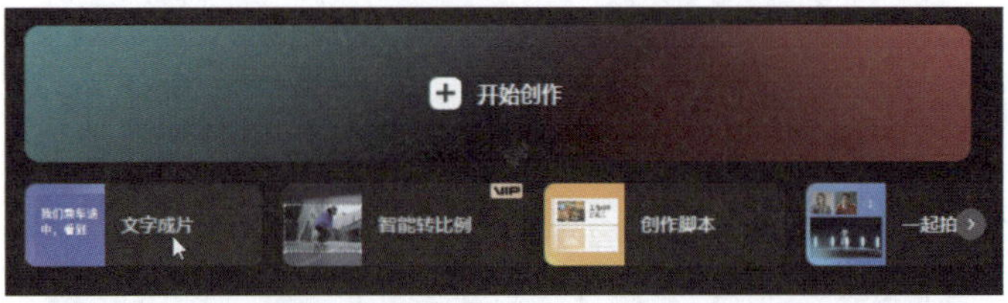

图 10-27

Step 02 打开"文字成片"对话框，将提前制作好的解说词复制到文本框中。系统默认的朗读声音为"知识讲解"，创作者可以根据需要切换声音。此处选择"解说小帅"的声音，如图10-28所示。

Step 03 单击"生成视频"按钮，在展开的列表中选择"使用本地素材"选项，如图10-29所示。

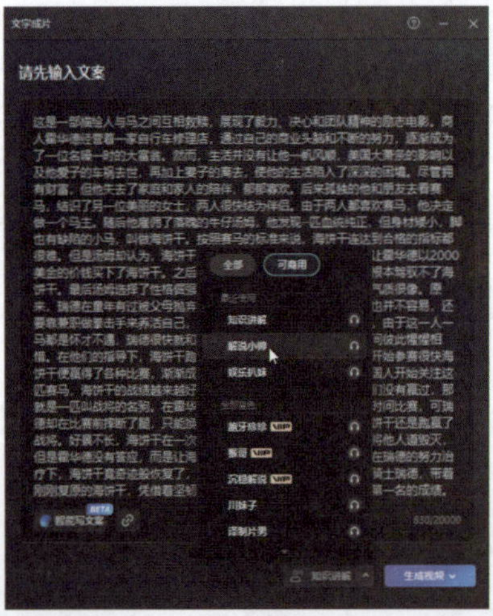

图 10-28

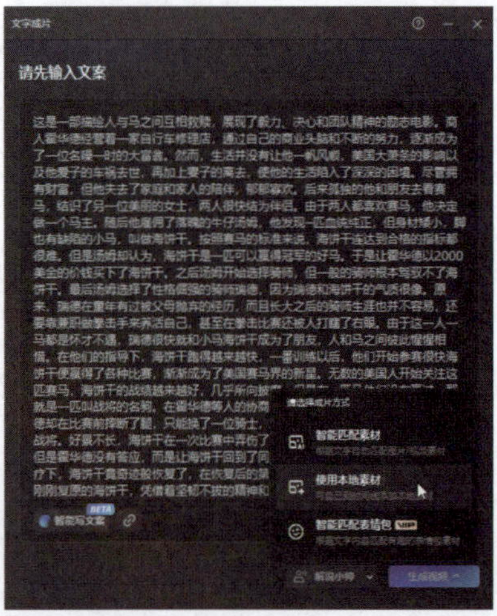

图 10-29

Step 04 剪映随即对输入的文本进行处理，处理完成后自动打开创作界面。此时，已经自动将文本转换成声音和字幕，并添加了背景音乐，如图10-30所示。

196

短视频剪辑与AI创作 全彩微课版 ——DeepSeek+剪映

图 10-30

Step 05 在时间线窗口中选中背景音乐素材，按Delete键将其删除，如图10-31所示。

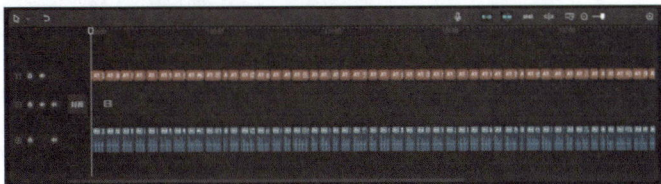

图 10-31

Step 06 试听解说词，若发现朗读有误或有断句等问题，则可以在时间线窗口中选中相应字幕素材，并在功能区的"文本"面板中修改。修改完成后会自动重新朗读修改过的内容，如图10-32所示。

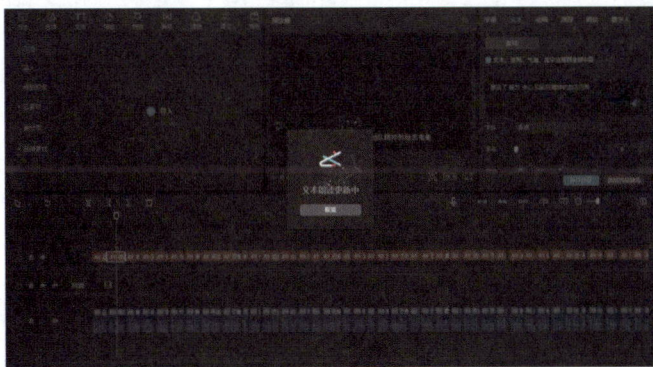

图 10-32

10.2.2 处理电影素材原声和尺寸

导入电影素材后，还需要对素材原声和视频尺寸进行设置。素材原声可以关闭或删除，视频尺寸则可以根据需要设置为横屏或竖屏。横屏常用比例为16：9，竖屏常用比例为9：16。

Step 01 在"媒体"面板的"本地"界面中单击"导入"按钮，如图10-33所示。

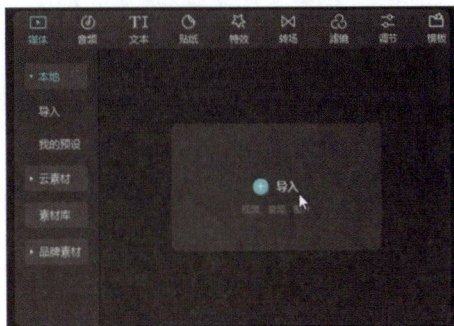

图 10-33

Step 02 打开"请选择媒体资源"对话框，选择要使用的电影素材，单击"打开"按钮，如图10-34所示。

Step 03 所选电影素材随即被导入剪映中，单击素材右下角的 ■ 按钮，将其添加到视频轨道上，如图10-35所示。

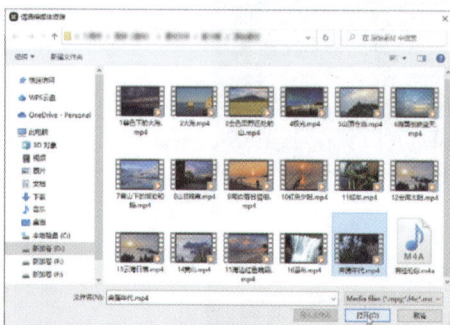

图 10-34

图 10-35

Step 04 单击视频轨道左侧的"关闭原声"按钮 ◄ ，可将视频原声关闭，如图10-36所示。

Step 05 除了关闭原声，还可以先将视频原声分离出来，然后直接删除。在轨道上鼠标右键单击视频素材，在弹出的快捷菜单中选择"分离音频"选项，如图10-37所示。

图 10-36

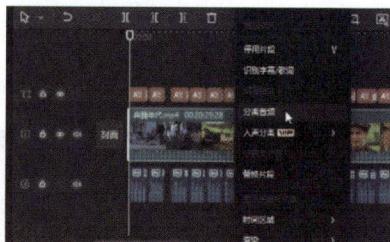

图 10-37

Step 06 电影素材中的音频随即被分离出来，选中该音频，如图10-38所示。按Delete键将该音频删除，如图10-39所示。

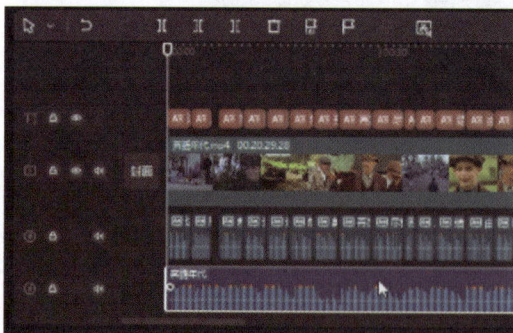

图 10-38

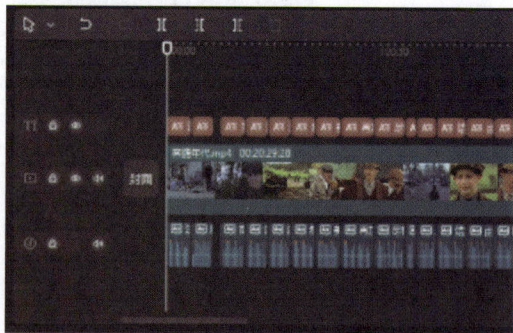

图 10-39

Step 07 在播放器窗口右下角单击"比例"按钮，在展开的列表中选择"16：9（西瓜视频）"选项，如图10-40所示。

Step 08 保持视频素材为选中状态，在工具栏中单击"裁剪"按钮，如图10-41所示。

图 10-40

图 10-41

Step 09 单击"裁剪"按钮，然后单击"裁剪比例"下拉按钮，在下拉列表中选择"16∶9"选项，单击"确定"按钮，按比例裁剪视频画面，如图10-42所示。

图 10-42

10.2.3 制作视频封面

封面是短视频的第一招牌，优秀的封面能够快速吸引观众的注意力。下面导入视频素材，并制作电影解说短视频的封面。

Step 01 移动时间轴，选择一帧画面作为视频封面，在视频轨道左侧单击"封面"按钮，如图10-43所示。

图 10-43

Step *02* 弹出"封面选择"对话框，单击"去编辑"按钮，如图10-44所示。

Step *03* 打开"封面设计"对话框，在"模板"选项卡中选择一个合适的文字模板，如图10-45所示。

图 10-44

图 10-45

Step *04* 在对话框右侧的编辑区中删除多余的文本框，依次修改文字内容，并适当调整文本框的缩放比例和位置。封面设置完成后，单击"完成设置"按钮，如图10-46所示。

图 10-46

10.2.4 根据解说音频剪辑视频

在剪辑视频的过程中，需要用到分割、裁剪、删除、变速等工具。下面对电影素材进行剪辑。

Step *01* 在时间线窗口中选中视频素材，移动时间轴确定好要进行操作的位置，在工具栏中单击"分割"按钮，分割视频，如图10-47所示。

图 10-47

Step 02 拖曳被分割出来的视频片段，将其移动到与配音对应的位置，如图10-48所示。

Step 03 继续对视频素材执行分割、裁剪、移动等操作，直到将所有视频画面与配音对应，如图10-49所示。

图 10-48

图 10-49

10.2.5 添加背景音乐

恰当的背景音乐能够渲染视频的氛围，增强情感。选择电影解说视频的背景音乐时，不同的情节应配合不同节奏和氛围的音乐。例如，前奏可以选择一些舒缓的音乐，随着剧情逐渐跌宕起伏，则应配合一些宏伟、激荡的音乐。

Step 01 将时间轴移动到轨道最左侧，在素材库中打开"音频"面板，在"音乐素材"界面中搜索音乐名称，并将音乐添加到轨道上，如图10-50所示。

图 10-50

Step 02 根据电影解说的情节，在合适的位置剪裁背景音乐，如图10-51所示。

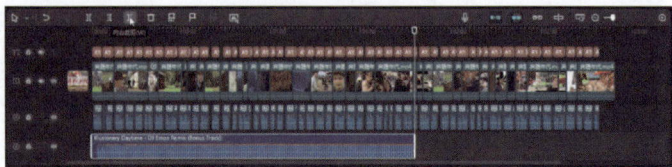

图 10-51

Step 03 保持音乐素材为选中状态，在功能区的"基础"面板中调整音量和淡出时长，如图10-52所示。

Step 04 将鼠标指针移动至第一段背景音乐结束前的合适位置，继续添加其他背景音乐，如图10-53所示。

图 10-52

图 10-53

Step 05 对视频进行裁剪，并调整音量以及淡入、淡出时长。随后参照上述方法根据解说情节继续添加合适的背景音乐，如图10-54所示。至此，完成电影解说短视频的制作。

图 10-54

Step 06 预览视频，检查视频封面以及播放效果，如图10-55所示。

图 10-55

10.3 AIGC 协同制作美食推荐视频

DeepSeek与其他AIGC工具协同应用能够通过智能算法精准匹配美食画面和文案，快速生成富有创意和吸引力的内容，同时大幅缩短制作周期，降低成本。本例将使用多款AIGC工具生成素材，并用剪映对素材进行剪辑，制作"星空慕斯蛋糕"推荐视频。

10.3.1 豆包生成图片素材

目前市面上很多功能强大的AIGC工具能够生成高质量的图片和视频内容。例如即梦AI、可灵AI、豆包、腾讯智影等，用户只需输入简单的文本描述，或上传底图即可生成富有创意的图像或视频。下面将使用"豆包"和"即梦AI"生成素材。

Step 01 登录豆包官网，在首页中单击"图像生成"按钮，如图10-56所示。

Step 02 进入图像生成模式，在文本框中输入提示词：星空慕斯蛋糕，深邃的蓝色镜面淋面搭配金色星辰点缀，宛如夜空般梦幻，适合生日或纪念日，视觉冲击力极强，浅色背景，随后单击文本框下方的"比例"按钮选择比例为"2：3"，单击"风格"按钮，选择图片风格为"3D渲染"，最后单击↑按钮，发送提示词，如图10-57所示。

图 10-56

图 10-57

Step 03 豆包随即生成四张图片，如图10-58所示。在需要使用的图片上方单击鼠标右键，选择"下载原图"选项，下载图片。

图 10-58

10.3.2 即梦 AI 生成图片素材

豆包生成的图片可以直接导入其他AIGC工具中进行进一步处理。这里将使用图片在即梦AI中生成视频，下面介绍具体操作方法。

Step 01 登录即梦AI，在首页左侧导航栏中单击"视频生成"按钮，如图10-59所示。

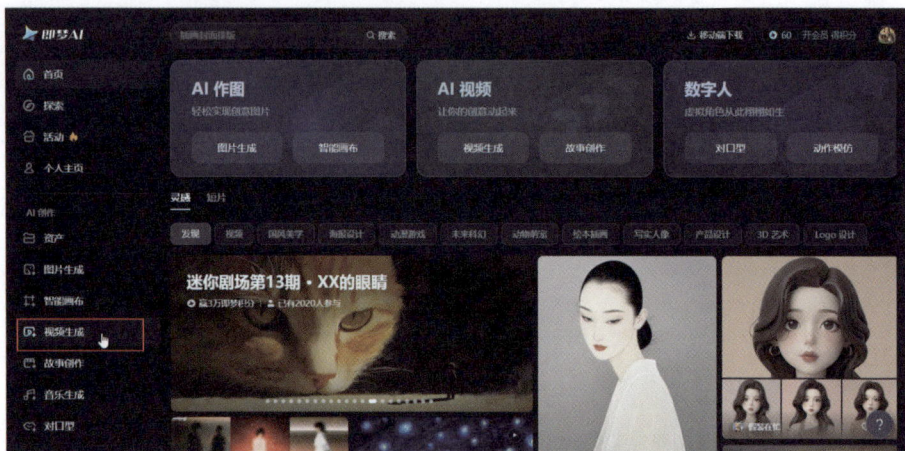

图 10-59

Step 02 进入"视频生成"界面，此时"视频生成"面板中自动打开的是"图片生成"选项卡。在该选项卡中单击"上传图片"按钮，如图10-60所示。在弹出的对话框中选择"星空慕斯蛋糕图片"，将其导入即梦AI。

Step 03 图片导入成功后，在图片下方的文本框中输入提示词"镜头环绕蛋糕旋转"，随后选择视频模型为"视频1.2"，如图10-61所示。

Step 04 选择视频的生成时长为"12s"，单击"生成视频"按钮，如图10-62所示。

图 10-60

图 10-61

图 10-62

Step 05 即梦AI根据图片和提示词生成视频。预览视频时可以看到，镜头围绕蛋糕进行旋转运镜，如图10-63所示。

Step 06 在视频上方单击鼠标右键，在弹出的菜单中选择"下载视频"选项，将视频下载到计算机的指定位置，如图10-64所示。

短视频剪辑与 AI 创作 全彩微课版 ——DeepSeek+剪映

图 10-63

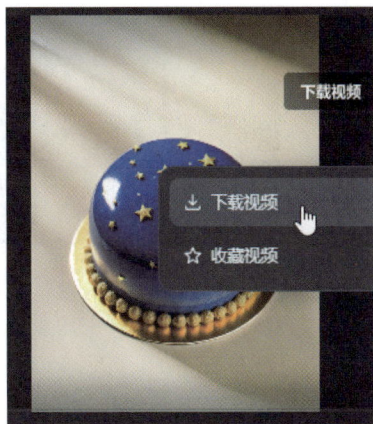

图 10-64

10.3.3 DeepSeek 生成优秀文案

借助DeepSeek强大的自然语言处理能力，可快速为视频生成精准且富有吸引力的文案。无论是记录生活点滴的温馨视频，还是宣传产品的商业视频，都能生成贴合视频风格、突出重点的文案，有效节省创作时间，提升视频的传播效果。

Step 01 登录DeepSeek，打开"深度思考"模式，在对话输入框中输入提示词：请为"星空慕斯蛋糕"写一段推荐文案。蛋糕造型是深邃的蓝色镜面淋面搭配金色星辰点缀，宛如夜空般梦幻，视觉冲击力极强，口感细腻丝滑，30字内。随后发送提示词，如图10-65所示。

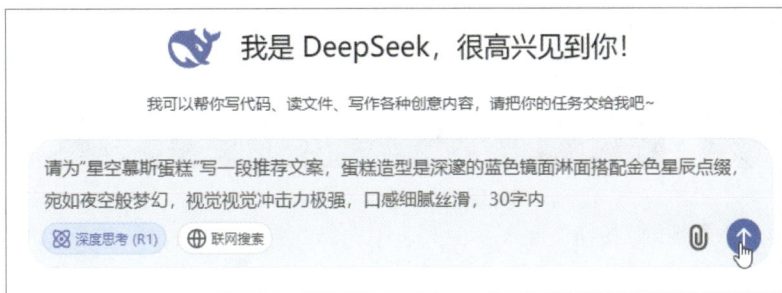

图 10-65

Step 02 DeepSeek经过深度思考生成文案，如图10-66所示。

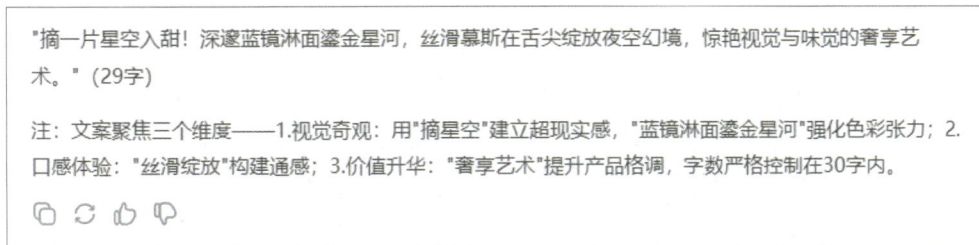

图 10-66

10.3.4 用剪映快速完成剪辑

素材准备完毕后可以在剪映中进行剪辑，下面将使用"文字成片"功能快速完成视频的剪辑。

Step 01 启动剪映专业版软件，在首页中单击"文字成片"按钮，如图10-67所示。

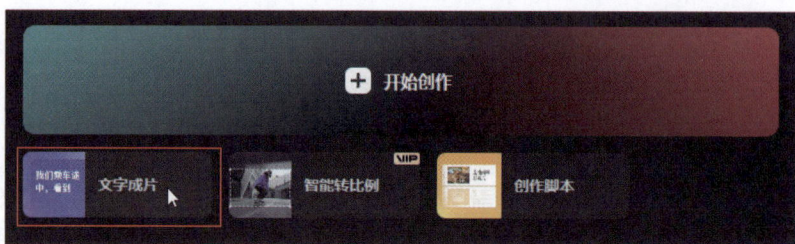

图 10-67

Step 02 打开"文字成片"窗口，在窗口左上角单击"自由编辑文案"按钮，如图10-68所示。

Step 03 在"自由编辑文案"文本框中输入由DeepSeek自动生成的文案。单击窗口右下角的声音角色按钮，在弹出的列表中选择一个合适的声音，此处选择"深情诉说"，如图10-69所示。

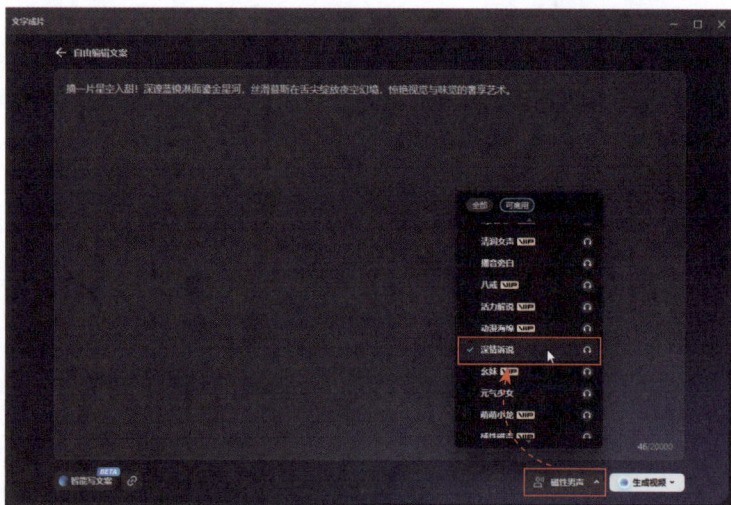

图 10-68   图 10-69

Step 04 单击"生成视频"按钮，在展开的列表中选择"使用本地素材"选项，如图10-70所示。

图 10-70

Step 05 剪映会自动生成与文案匹配的声音、字幕和背景音乐，生成的素材自动在创作界面中打开，如图10-71所示。

图 10-71

Step 06 将之前用即梦AI生成的视频素材拖动到剪映的时间线窗口，如图10-72所示。

图 10-72

Step 07 默认添加的视频素材会自动在最上方轨道中显示，将视频素材拖动至主轨道中，如图10-73所示。

图 10-73

Step 08 在"播放器"窗口右下角单击"16∶9"按钮，在展开的列表中选择"3∶4"选项，如图10-74所示。视频比例随即得到更改，如图10-75所示。

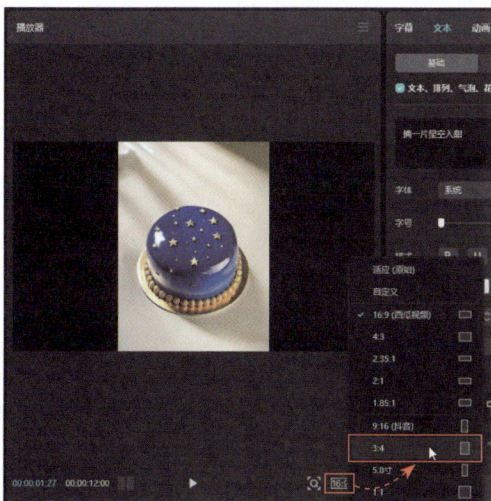

图 10-74

图 10-75

Step 09 由于第1段字幕的文字太多，看起来不美观，下面将把第1段字幕分成两段显示。在时间线窗口中选择任意一段字幕素材，在功能区中打开"字幕"面板，将光标定位于第1段字幕中的"深邃……"之前，删除"！"符号，随后按Enter键，如图10-76所示。

图 10-76

Step 10 第1段字幕随即被切换成两段字幕，声音也会自动重新朗读，如图10-77所示。

图 10-77

Step 11 至此完成美食推荐视频的制作，最终效果如图10-78所示。

图 10-78